Geophysikalisches Institut Potsdam

Abhandlungen

herausgegeben von J. Bartels

Nr. 3

Die Sonnentätigkeit im Jahre 1938 geophysikalisch gesehen

Von

H. R. Scultetus

Mit einem Vorwort von J. Bartels,
5 Abbildungen und 28 Tafeln.

Springer-Verlag Berlin Heidelberg GmbH

ISBN 978-3-642-50610-9   ISBN 978-3-642-50920-9 (eBook)
DOI 10.1007/978-3-642-50920-9

Inhalt.

Seite

1. Sonne — Ionosphäre — Erdmagnetismus im Jahre 1938. Vorwort von J. Bartels . . 3
2. Die Sonnentätigkeit im Jahre 1938 geophysikalisch gesehen. Von H. R. Scultetus 6
   A. Zweck der Veröffentlichung 6
   B. Darstellung der Sonnentätigkeit 6
      I. Tägliche Beobachtungen 6
         1. Beobachtungsmaterial. 2. Vergleich mit Normalreihe. 3. Beobachtungshäufigkeit
      II. Rotationskarten 9
         1. Rotationskarten der Tätigkeitsherde. 2. Rotationskarten der Eruptionen.
         3. Magnetische Kennziffern. 4. Sonnenfleckenrelativzahlen des Mittelstreifens
      III. Sonnenkoordinaten 15
         1. Heliographische Breite der Sonnenmitte. 2. Positionswinkel der Sonnenachse. 3. Neigungsänderung des Sonnenstundenkreises gegen Horizont bzw. Vertikal. 4. Abbildungsarten der Sonnenscheibe
      IV. Anregung zu laufender Berichterstattung 21
3. Literaturverzeichnis 21
4. Zusammenfassung der Tafelerklärungen 21
5. Tafeln für die Sonnenrotationen Nr. 1433—1446 22

Sonne — Ionosphäre — Erdmagnetismus im Jahre 1938.

Vorwort von J. Bartels.

Das Geophysikalische Institut Potsdam, das aus dem Magnetischen Observatorium hervorgegangen ist, betrachtet Forschung auf dem Gebiete des Erdmagnetismus als eine seiner Hauptaufgaben.

Entsprechend der Zusammensetzung des erdmagnetischen Feldes aus inneren und äußeren Anteilen gliedert sich diese Aufgabe in zwei Teile:

Die Beziehungen zur Bodenforschung und zu den Anwendungen des Erdmagnetismus in der Landesaufnahme, der Navigation usw.: Diese werden im wesentlichen in der **Magnetischen Reichsaufnahme** bearbeitet, deren Ergebnisse in diesen Abhandlungen erscheinen werden.

Die Beziehungen zur Ionosphäre, und damit zu den höchsten Atmosphärenschichten, zu Vorgängen auf der Sonne und (neuerdings) zu gewissen zeitlichen Schwankungen der durchdringenden Höhenstrahlung. Diese werden durch die Diskussion der zeitlichen Schwankungen des magnetischen Feldes geklärt.

Die zeitlichen Variationen, die am Adolf-Schmidt-Observatorium für Erdmagnetismus in Niemegk ständig registriert werden, sind eine wesentliche Grundlage für beide Zweige des Erdmagnetismus. Während die Registrierungen aber bei der Anwendung in der Bodenforschung usw. im allgemeinen nur zur Elimination der zeitlichen Schwankungen dienen, um zu einem einheitlichen Kartenbild zu gelangen, sind diese zeitlichen Schwankungen selbst Gegenstand des zweiten Teils der Aufgabe. Die Beobachtungen des äußeren Anteils des erdmagnetischen Feldes und die indirekten Schlüsse, die sich daraus auf die Ionosphäre, ihre Beeinflussung durch die Sonne und dadurch auf die Sonnenphysik selbst ziehen lassen, haben in den letzten Jahren durch die direkte Erforschung der Ionosphäre durch elektromagnetische Wellen eine erhöhte Bedeutung gewonnen. Diese Bedeutung beschränkt sich nicht auf rein wissenschaftliche Fragen, sondern erstreckt sich auch auf die praktische Ausnutzung der Ionosphäre für Nachrichtenübermittlung und Flugzeugnavigation. Eine große Zahl von Erscheinungen müssen dabei zusammen betrachtet werden, nämlich: auf der Sonne die Flecken, Eruptionen in ihren verschiedenen Erscheinungsformen, die Aussendung von Ultraviolettstrahlung und Korpuskularstrahlung; in der Ionosphäre die verschiedenen Schichten, normale und anormale E-Schicht, F_1- und F_2-Schicht, mit ihren Höhenlagen und Ionenkonzentrationen; im Erdmagnetismus die tagesperiodischen Schwankungen, die magnetischen Stürme mit ihren Haupterscheinungen — dem äquatorialen Ringstrom und den Strömen in der Polarlichtzone —, die kürzeren Bai-Störungen und die Pulsationen.

Die erdmagnetischen Registrierungen, die in Potsdam und seinen Hilfsobservatorien seit 1890 laufen, sind eine fast 50jährige Geschichte gewisser Vorgänge der Ionosphäre über Deutschland. Man weiß daraus, und aus dem Vergleich mit den Registrierungen anderer Observatorien, daß der Zustand der Ionosphäre zwar zeitlich noch veränderlicher ist als das Wetter in Bodennähe, daß aber gewisse Störungen, die von Vorgängen auf der Sonne ausgelöst werden, auf der ganzen Erde gleichzeitig auftreten, wenn auch in örtlich sehr verschiedener Erscheinungsform. Man kann deshalb schon aus erdmagnetischen Registrierungen an einzelnen

Stationen — ganz anders als bei den Wettervorgängen am Boden — recht gut auf den Zustand der gesamten Ionosphäre schließen. Änderungen der Ultraviolettstrahlung der Sonne (die am Erdäquator am deutlichsten sind) und das Einschießen von materiellen Teilchen von der Sonne her (vorzugsweise in den beiden Polarlichtzonen) lassen sich in unseren Potsdam-Niemegker Kurven deutlich trennen.

Nach diesen erdmagnetischen Erfahrungen kann man damit rechnen, daß man etwa ein halbes Jahrhundert registrieren muß, ehe man alle in der Ionosphäre vorkommenden Änderungen übersehen kann. Es genügt nicht ein einzelner Sonnenfleckenzyklus von 11 Jahren, wie man mitunter annimmt, denn auch die einzelnen Zyklen unterscheiden sich stark: Das Sonnenfleckenmaximum hat 1938 so starke magnetische Störungen gebracht, wie sie seit den Jahren um 1870 nicht aufgetreten sind; andererseits war keines der letzten Sonnenfleckenminima so ruhig wie dasjenige von 1902.

Diese Anforderung an die Länge der Beobachtungsreihe wird nun dadurch gemildert, daß gewisse Störungen in den direkten Ionosphären-Registrierungen deutlich mit erdmagnetischen Störungen zusammenhängen. Man wird also die erdmagnetischen Erfahrungen über die Natur, Häufigkeit und Wiederkehr solcher Störungen übertragen können, wenn diese Zusammenhänge mit Hilfe gleichzeitiger Beobachtungen der Sonne, des Erdmagnetismus und der Ionosphäre genauer geklärt sein werden.

Das an Störungen reiche Sonnenfleckenmaximaljahr 1938 wurde deshalb für eine Darstellung des Materials ausgewählt, die einheitlich und anschaulich das Erkennen von Zusammenhängen erleichtern soll.

Die Sonne wird seit vielen Jahren systematisch beobachtet, indem einzelne Stationen täglich die Sonnenscheibe auf Flecken, Fackeln und andere Erscheinungen durchmustern. Die Einheitlichkeit solcher Beobachtungsreihen, wie sie z. B. von der Eidgenössischen Sternwarte Zürich (jetzt von W. Brunner), vom Observatorium Greenwich, in Arcetri, auf dem Mount Wilson usw. in täglicher Arbeit fortgesetzt werden, sind nicht bloß für die Sonnenphysik, sondern auch für die Untersuchung aller geophysikalischen Einflüsse von Veränderungen auf der Sonne von größtem Wert. Eine ständige Überwachung der Sonne mit Hilfe Halescher Spektrohelioskope ist seit 1934 von der Internationalen Astronomischen Union organisiert; die Ergebnisse der Beobachtungen über Eruptionen in der Chromosphäre werden vierteljährlich im „Bulletin for Character Figures for Solar Phenomena" von L. d'Azambuja[1]) zusammengestellt und von der Sternwarte Zürich veröffentlicht. Dieses Material liegt fertig vor und soll hier nicht wiederholt werden.

Dagegen erschien es wertvoll, die Veränderungen auf der Sonne in einer anderen Weise darzustellen, die den Bedürfnissen des Geophysikers entgegenkommt. Der Anblick der Sonnenscheibe von Tag zu Tag ist wohl am anschaulichsten. Herr H. R. Scultetus, Berlin, hat eine lange Reihe täglicher Zeichnungen aufgenommen und war freundlicherweise bereit, diese im vorliegenden Heft 3 zu veröffentlichen und zu ergänzen durch zwei Arten von Rotationskarten, von denen die eine seine eigenen Fleckenbeobachtungen zusammenfaßt, während die andere d'Azambuja's Tabelle über die solaren Eruptionen aus dem „Bulletin" anschaulich wiedergibt.

Beobachtungen über die Ionosphäre verdanken wir den Herren W. Dieminger und H. Plendl (Heft 4); die erdmagnetischen Registrierungen in Niemegk schließlich werden von G. Fanselau und dem Verfasser in Heft 5 dargestellt werden. In jedem dieser drei Hefte wird die Art der Beobachtungen und ihre Darstellung ausführlich beschrieben werden. Es braucht deshalb hier nur auf das Gemeinsame hingewiesen zu werden, nämlich die Rotationszählung und die erdmagnetischen Kennziffern:

Die Astrophysiker rechnen nach Carrington die Dauer einer (synodischen) Rotation der Sonne zu 27.2753 Tagen. Infolge der Zunahme der Rotationsperiode mit wachsender heliographischer Breite entspricht die gewählte Periode nur einer gewissen Zone der Sonne, etwa derjenigen der Flecken in 20 bis 22° Breite; sie ist etwas länger als die durchschnittliche Rotationsperiode aller Flecken. Eine Rotationsperiode von genau 27 Tagen hätte mit ebensoviel Recht gewählt werden können; sie

---

[1]) L. d'Azambuja, La coopération internationale pour l'observation continue du Soleil et ses premiers résultats. L'Astronomie (Bull. Soc. Astron. de France), mars 1939, p. 92—121.

würde einer etwas niedrigeren Breite (18 bis 19⁰) entsprechen. Da dieses Intervall den Vorteil hat, daß es sich der üblichen Tageseinteilung bei geophysikalischen Beobachtungen anpaßt, habe ich vorgeschlagen, für geophysikalische Zwecke die Sonnenrotationen zu genau 27 Tagen anzusetzen und als 1. Tag der ersten Rotation den 8. Februar 1832 zu bezeichnen, so daß Rotation 1001 am 11. Januar 1906 beginnt. Auch das Department of Terrestrial Magnetism, Washington, grenzt die Rotationen in dieser Weise ab, um die „Amerikanischen Magnetischen Charakterzahlen" darzustellen. Die Hefte 3 bis 5 enthalten die 14 Rotationen Nr. 1433 (erster Tag 1938 Dezember 18) bis 1446 (erster Tag 1939 Dezember 4).

Die „Potsdamer Erdmagnetischen Kennziffern" werden in der „Zeitschrift für Geophysik" seit Band 14, 1938 laufend veröffentlicht; sie sollen auch in Heft 5 näher beschrieben werden. Die ersten Kennziffern, die den magnetischen Störungszustand für Intervalle von je 3 Stunden durch eine Ziffer zwischen 0 (ganz ruhig) und 9 (großer Sturm) ausdrücken, sind in jedem der drei Hefte mitgezeichnet, um das Erkennen von Zusammenhängen zu erleichtern.

Die Sonnentätigkeit im Jahre 1938 geophysikalisch gesehen.

Von H. R. Scultetus.

A. Zweck der Veröffentlichung.

Die vorliegende Arbeit soll dem Geophysiker, mag er nun erdmagnetische oder meteorologische oder luftelektrische Sonderneigungen haben, eine Übersicht über die Sonnentätigkeit im Jahre 1938 bieten, wie es eben für diese Zwecke gebraucht wird. Wenn auch von dem allgemeinen Standpunkt ausgegangen wurde, daß die Tätigkeitsherde vor allem in der Sonnenmitte wirksam werden, so ist doch auch den Vertretern anderer Ansichten Rechnung getragen worden. Vor allem sollte eben erst einmal das Tatsachenmaterial geliefert werden, ohne alle Einzelheiten schon jetzt voll befriedigend erklären zu wollen. Darüber hinaus ergibt sich vielleicht die Anregung zu laufender Berichterstattung, deren Möglichkeiten am Ende der folgenden Betrachtungen erwogen werden sollen.

Der Bericht soll kein Ersatz für die bestehenden Veröffentlichungen sein, vor allem nicht für die Züricher Mitteilungen. Das ergibt sich schon aus der besonderen Darstellungsart. Herausgeber und Verfasser hoffen dagegen, hiermit eine Ergänzung zu bieten, die imstande ist, die Zusammenarbeit zwischen Sonnenphysikern und Geophysikern aller Art zu fördern.

Zu diesem Zweck wird auch noch eine grundsätzliche Darlegung der Veränderungen angefügt, denen die Sonnenkoordinaten während der Zeit eines Erdumlaufs um die Sonne unterworfen sind.

B. Darstellung der Sonnentätigkeit.

Da die einzelnen Tätigkeitsherde der Sonne, außer der durch die Rotation der Sonne bedingten Bewegung über die Sonnenscheibe hinweg, noch eine sehr lebhafte Entwicklung zeigen, war eine Zweiteilung der Darstellung der Sonnentätigkeit empfehlenswert. Gleichzeitig sollte damit einmal eine umfassende extenso-Veröffentlichung für ein ganzes Jahr gegeben werden, um diese meist nur theoretisch bekannten Erscheinungen in anschaulicher Weise vorzuführen, da gerade die Sonnentätigkeit immer stärkere Beachtung findet.

I. Tägliche Beobachtungen.

1. **Beobachtungsmaterial.** Den Grundstock bilden *eigene Beobachtungen*, die in Berlin ausgeführt wurden. Bei gelegentlicher Abwesenheit des Verfassers mußten seine Mitarbeiter einspringen, wodurch aber, wie unten noch gezeigt wird, die Einheitlichkeit der Reihe nicht wesentlich gelitten hat. Als Instrument diente ein Merz'sches Schulfernrohr von 53 mm Öffnung, das schon seit 1920 im Betrieb ist. In den ersten Jahren wurde es mit auf 21 mm verkleinerter Öffnung benutzt. Ab 1. 9. 1936 wurde mit voller Öffnung gearbeitet. Wenn dadurch auch die Bildgüte verbessert wurde, so ergab sich jedoch keine Zunahme der Sichtungsmöglichkeit von Flecken, wie ein Vergleich mit den Züricher Relativzahlen ergibt (vgl. unten). Die Beobachtungen wurden mittels der Projektionsmethode durchgeführt: Das

Sonnenbild wird in etwa 40 cm Entfernung vom Okular auf einem Bogen weißen Papiers aufgefangen. Auf dem Blatt ist ein Kreis von 150 mm Durchmesser aufgetragen, in der die Lage von Äquator und Achse der Sonne in bezug auf den Stundenkreis der Sonne eingetragen ist. So lassen sich die Orte der einzelnen Gruppen und Flecken recht genau bestimmen. Wichtig ist, daß der Raum, in dem beobachtet wird, weitgehend abgedunkelt wird, damit möglichst wenig Licht auf das Zeichenblatt fällt. Ein kleiner Pappschirm genügt nicht. Wenn im Freien beobachtet wird, muß ein schwarzes Tuch, durch das das Rohr hindurchgesteckt wird, über den Kopf des Beobachters gelegt werden.

2. **Vergleich mit Normalreihe.** In Tabelle 1 sind für jedes Vierteljahr die Umrechnungsfaktoren aufgeführt, mit denen die Relativzahlen des Verfassers zu multiplizieren sind, um die Züricher Zahlen zu erhalten. Sie ergeben sich aus der Gleichung $R_Z/R_S = k$, in der R_Z die Züricher Relativzahl und R_S die des Verfassers bedeutet. An Stelle der zu erwartenden Verringerung der k-Werte ist nach Änderung der Beobachtungsmethode (1936) sogar zeitweise eine Vergrößerung festzustellen. Die Schwankungen von k, die im übrigen denen der Reduktionsfaktoren anderer Beobachter durchaus entsprechen, sind vor allem durch die verschiedenen Luftverhältnisse bedingt. Eine weitere schwerwiegende Möglichkeit für Abweichungen in den Werten der Relativzahlen wird auf S. 13 unten in anderem Zusammenhang besprochen.

Im allgemeinen enthalten also die Beobachtungen des Verfassers mehr Einzelheiten als die alte Wolfsche Züricher Normalreihe, nur vereinzelt unwesentlich weniger.

Tabelle 1.
Vierteljährliche Umrechnungskoefizienten.

Jahr	1.	2.	3.	4.	Jahr
	Vierteljahr				
1931	0.89	0.85	0.79	0.90	0.86
1932	0.84	0.94	0.83	0.80	0.85
1933	0.87	0.98	0.89	0.94	0.92
1934	0.73	0.94	0.78	0.86	0.83
1935	0.99	0.86	0.96	0.92	0.93
1936	0.94	0.92	1.01	1.03	0.98
1937	0.92	0.87	0.83	0.90	0.86
1938	1.02	0.86	0.64	1.00	0.81
Mittel					0.88

Die Sonnenbilder sind für die Reproduktion so angeordnet, daß der Stundenkreis der Sonne senkrecht steht. Er ist durch die am oberen und unteren Rand jedes Sonnenbildes angebrachten kurzen Striche angedeutet. Diese Reduzierung auf den Mittagsanblick (s. a. S. 18, Abb. 3, 4 u. Tab. 5) war notwendig, um die durch die Erdrotation bedingte scheinbare Bewegung der Flecken zu eliminieren. Die noch zu besprechenden Änderungen der Lage von Sonnenachse und Sonnenäquator zur Blickrichtung müssen dagegen in Kauf genommen werden. Beide Bezugslinien sind in jedem Bild eingetragen entsprechend Abb. 5, c und untere Reihe, S. 20.

Für den dargestellten Zeitraum der 14 Rotationen 1433 bis 1446 (18. 12. 37 bis 30. 12. 38) von 378 Tagen liegen 236 eigene Beobachtungen vor. Die Lücken, in erster Linie bedingt durch zu starke Bewölkung, sind nicht gleichmäßig über das Jahr verteilt. Besonders in den Wintermonaten ergaben sich längere Folgen von Ausfällen. Die längste Lücke ist in der Zeit vom 23. 12. 37 bis 3. 1. 38 aufgetreten. Ihr steht die vom 5. bis 15. 1. 38 nicht viel nach. Erst im letzten Vierteljahr von 1938 treten wieder längere Lücken auf, jedoch nicht von mehr als sieben Tagen.

Auch diese ließen Ergänzungen wünschenswert erscheinen, um etwa in der Sonnenmitte aufgetretene kurzlebige Störungsherde erfassen zu können. In liebenswürdiger Weise stellten die Sternwarte Grünwald bei München (kenntlich an einem unter das Datum gesetzten G) 91 und die Sternwarte Danzig 4 weitere Ergänzungsbeobachtungen (D) zur Verfügung. Letztere übermittelte Fotografien, die für genaue Ortsbestimmungen besonders wertvoll sind. Erstere lieferte Zeichnungen von 20 cm Durchmesser, die noch weit mehr Einzelheiten enthalten als die Zeichnungen des Verfassers. In den Bildern der täglichen Beobachtungen treten diese Unterschiede infolge des kleinen Maßstabs hier aber kaum hervor. Bei der Aufstellung der unter II, 4 behandelten Relativzahlen des Mittelstreifens mußte allerdings auch der Reduktionsfaktor $k_G = R_S/R_G$ berücksichtigt werden, wobei R_G sinngemäß die Relativzahl von Grünwald bedeutet.

Die Zahl der gänzlich fehlenden Tage beträgt nur noch 47. Wenn Danzig nicht durch eine Ausbesserung seines Instruments an regelmäßigen Beobachtungen verhindert gewesen wäre, würden die Lücken noch geringfügiger sein. Die Verteilung der Beobachtungen ist aber im allgemeinen so günstig, daß nur einmal, im Oktober 1938, 6 Tage hintereinander fehlen. Ein guter Überblick über die Sonnentätigkeit ist also auch schon mit wenigen Beobachtungsstellen in unserem verhältnismäßig ungünstigen Klima möglich.

Wäre das Material von vornherein mit der Absicht einer derartigen Veröffentlichung gesammelt worden, so hätte sich eine noch größere Vollständigkeit erreichen lassen.

3. Beobachtungshäufigkeit. Bezüglich der Regelmäßigkeit in der Durchführung von Sonnenbeobachtungen besteht vielfach eine irrige Ansicht. Man meint nämlich, daß infolge der recht starken Bewölkung, die im allgemeinen in unserer Klimazone herrscht, an Regelmäßigkeit nicht gedacht werden kann. Der Beweis des Gegenteils läßt sich aus den Beobachtungen des Verfassers erbringen. Diese beginnen mit dem 6. Juni 1920, doch läßt sich nur ein Teil, vor allem die letzten 8 Jahre, 1931 bis 1938, für eine Statistik gebrauchen, weil erst in diesen regelmäßige Beobachtungen durchgeführt werden konnten. Hierbei muß ich die tatkräftige Unterstützung meiner Frau erwähnen, die diese Regelmäßigkeit überhaupt erst ermöglichte. Ihre und meine Relativzahlen stimmen so weitgehend überein, daß sich Reduzierungen erübrigen. In Tabelle 2 sind für im ganzen 9 Jahre (1921, 1922 teilweise, 1930 teilweise, 1931—1938) die monatlichen Häufigkeiten der Sonnenbeobachtungen angegeben und der mittleren Bewölkung der entsprechenden Zeitabschnitte gegenübergestellt worden. Es ergibt sich, daß die Häufigkeit der Sonnenbeobachtungen überraschend groß ist. Man kann jährlich mit rund 224 Beobachtungstagen rechnen. In den einzelnen Monaten werden meist 20 Beobachtungstage erreicht. Dabei sind noch nicht einmal alle Möglichkeiten erschöpft, weil infolge ungünstiger Aufstellung oder kurzfristiger Abwesenheit manche Beobachtung doch noch ausgefallen ist. Eine ständige Beobachtungsbereitschaft könnte also noch höhere Zahlen herauswirtschaften. Bringt man aber eine Arbeitsgemeinschaft zustande, wie sie sich in den Ergänzungen durch Grünwald und Danzig bereits andeutet, so bleibt die Zahl der Lücken unwesentlich gering.

Der ausgesprochene jährliche Gang der Beobachtungshäufigkeit hat naturgemäß eine starke Ähnlichkeit mit dem der Bewölkung. Als Korrelationskoeffizient zwischen den Reihen a) und b) ergab sich -0.92 ± 0.03.

Tabelle 2.

Neunjährige Mittelwerte für Berlin.

a) Mittlere Zahl der Tage mit Sonnenbeobachtungen.
b) Monatsmittel der Bewölkung in Zehnteln des Himmelsgewölbes.
c) Zahl der Tage ohne Sonnenschein.
d) Zahl der Tage im Monat minus $(a + c)$.

	a	b	c	d
Januar . .	11	7.6	13.7	6
Februar . .	12	7.2	10.0	6
März . . .	20	5.6	5.2	6
April . . .	21	6.2	3.4	6
Mai	23	6.1	2.3	6
Juni	25	5.6	1.0	4
Juli	26	6.1	1.6	3
August . .	26	5.3	1.0	4
September .	25	5.1	1.4	4
Oktober . .	16	6.5	5.4	10
November .	11	7.5	13.4	6
Dezember .	8	7.5	16.2	7
Jahr . . .	224			
Mittel . . .	18.7	6.4	6.22	5.6

Ein streng linearer Verlauf der Korrelation liegt allerdings nicht vor, weil Tage mit gebrochener Bewölkung und wolkenlose Tage hinsichtlich der Beobachtungsmöglichkeit fast gleichwertig sind. Daher steigt im Sommer die Anzahl der Beobachtungstage bei geringer Bewölkung oft nicht mehr dieser proportional.

Da in dem Monatsmittel der Bewölkung auch Dämmerungs- und Nachtstunden enthalten sind, die für Sonnenbeobachtungen nicht in Frage kommen, wurde noch eine andere Gegenüberstellung erprobt, nämlich mit der Zahl der Tage ohne Sonnenschein, die für Berlin ebenso wie das Monatsmittel der Bewölkung im „Deutschen Meteorologischen Jahrbuch" mitgeteilt wird. Die Mittel für den hier behandelten im ganzen neunjährigen Zeitraum sind in Spalte c) der Tabelle 2 enthalten. Der Korrelationskoeffizient zwischen den Spalten a) und c) ergab sich zu -0.997 ± 0.01. Theoretisch müßte die Summe aus Zahl a der Sonnenbeobachtungen und Zahl c der Tage ohne Sonnenschein gleich der Zahl M der

Monatstage sein. In Wirklichkeit besteht aber ein Fehlbetrag $M-(a+c)$, der in Spalte d) von Tabelle 2 enthalten ist. Er ist leicht zu erklären aus den oben bereits behandelten Gründen für das Verpassen von Beobachtungsmöglichkeiten.

II. Rotationskarten.

Den täglichen Beobachtungen der Sonne werden auf den jeweiligen Folgeseiten die Übersichtskarten über die ganze Länge des Äquatorstreifens der Sonne gegenüber gestellt. Diese Übersichtskarten weisen eine Vierteilung auf.

1. Rotationskarten der Tätigkeitsherde. Sie zeigen die Orte der verschiedenen Tätigkeitsherde und ermöglichen die Bestimmung der Zeit, zu der die einzelnen Gegenden der Sonne von der Erde aus gesehen die Mitte der Sonnenscheibe überqueren. Die Rotationskarten sind nach der Längengradzählung der Sonne ausgerichtet. Sie beginnen mit der Zehnerzahl der Längengrade, die dem Anfangsdatum der Rotation am nächsten liegt, und hören 30—40° nach dem Enddatum wieder mit einer Zehnerzahl auf. Aus diesen Streifen ist mittels durchgehender Tagesbegrenzungen die eigentliche 27-tägige Rotation herausgehoben. Durch das Übergreifen am rechten Ende wird der Anschluß an die folgende Rotation erleichtert. Da die geophysikalische Sonnenrotationszählung (genau 27 Tage) von der astronomischen (27.2753 Tage) abweicht, ist zur Vergleichsmöglichkeit der jeweilige Beginn der astronomischen Sonnenrotation am oberen Rande mit „Carrington …" vermerkt.

Definitionsgemäß liegt dieser stets bei 0°. Die Astrophysiker haben sich auf die von Carrington (1) eingeführte Zählweise geeinigt. Carrington definierte als Anfangsmeridian und damit als Beginn seiner Rotation Nr. 1 den Zentralmeridian, der am 9. 11. 1835 beim Durchgang der Erde durch den aufsteigenden Knoten der Sonnenäquatorebene gegeben war. Für die weitere Zählung wurde eine synodische Rotationsdauer von $27\overset{d}{.}2753$ zugrunde gelegt. Spörer (2) hatte eine entsprechende Definition für einen anderen Zeitpunkt gegeben, doch vermochte sich diese Einteilung nicht durchzusetzen.

Der Sinn der Zeitzählung entspricht, im Gegensatz zu den Züricher Karten, dem üblichen Verfahren: Die Zeitachse ist von links nach rechts gerichtet. Von diesem gewohnten Bild sollte unter keinen Umständen abgewichen werden, damit ohne Schwierigkeiten die zugehörigen geophysikalischen Ereignisse ebenfalls von links nach rechts aufgetragen werden können.

Dementsprechend läuft der Sinn der Gradzählung umgekehrt. Da die Sonne schneller um ihre Achse rotiert, als die Erde die Sonne umläuft, werden durch die Sonnenrotation, die ja im gleichen Sinne wie der Erdumlauf vor sich geht, von Tag zu Tag immer niedrigere Längengrade in die Sonnenmitte eingeführt; die heliographische Länge wird nämlich naturgemäß im Sinne der Sonnenrotation gezählt. Im Bild der Rotationskarten befindet sich demnach **Osten auf der rechten, Westen auf der linken Seite.** Hierdurch stimmt das durch die Rotationskarten vermittelte Bild mit dem Anblick der Einzelbeobachtungen auf den ersten Seiten überein. Der Vorteil der gewählten Projektionsmethode bei der Sonnenbeobachtung tritt hier also unmittelbar hervor.

Für die geophysikalische Betrachtung ist das auf den Sonnenäquator bezogene System der heliographischen Breitengrade ziemlich nebensächlich, weil die Lage der Erde zu der Ebene des Sonnenäquators im Laufe des Jahres wechselt (Abschnitt B III, 1). Das Breitensystem auf den Rotationskarten ist daher auf die Mitte der Sonnenscheibe bezogen worden, deren heliographische Breite L_0 durch die gestrichelt eingetragene Lage des Sonnenäquators unmittelbar zu entnehmen ist. Das Gradnetz selber gibt dann den für die geophysikalische Betrachtung wichtigen Abstand der Tätigkeitsherde von der Mitte der Sonnenscheibe.

Der Zeitpunkt für die Darstellung der Tätigkeitsherde ist dem Zweck der Veröffentlichung entsprechend gewählt worden. Da die Durchquerung der Sonnenmitte in geophysikalischer Hinsicht entscheidend ist, wurde die Entwicklungsphase kurz vor oder unmittelbar in der Sonnenmitte gewählt. Wer sich über die vorhergehende oder folgende Entwicklung zu unterrichten wünscht, braucht nur von dem leicht ablesbaren Datum der Mittendurchquerung ausgehend einen Blick auf die täglichen Beobachtungen zu werfen. In der Darstellung wurden dieser Definition gemäß nur diejenigen Tätigkeitsherde aufgenommen, die die Mitte tatsächlich durchquert haben. Für Tätigkeitsherde, in denen Flecken auftraten, war diese Bestimmung leicht und einwandfrei durchzuführen. Bei Fackeln war sie schwieriger. Die Beobachtungsmethoden lassen nämlich im allgemeinen die Fackeln nur in der Nähe des Sonnenrandes sichtbar werden. Infolgedessen mußten auf jeden Fall die Fackeln aufgenommen werden, die beim Ein- und Austritt festgestellt wurden. Kleine Fackeln, die nur in dem einen oder anderen Falle sichtbar waren, blieben ebenso unberücksichtigt wie Fleckengruppen, die erst nach Durchquerung der Mitte entstanden.

Die Zeitzählung ist der unteren Hälfte der Rotationskarten zu entnehmen. Der Beginn des Tages ist zu 0^h Weltzeit (GMT) gewählt worden.

lediglich einen allgemeinen Überblick vermitteln, und bezüglich genauerer Einzelheiten ist die Heranziehung der Originaltabellen erforderlich. Die schrägen Striche, die die Tätigkeitsherde mit den Zeitmarkierungen am Rande verbinden, sollen lediglich zeigen, welche dieser beiden Angaben zusammengehören. Aus dieser Darstellung ist mit einem Blick zu entnehmen, welche Tätigkeitsherde eine besondere Aktivität aufgewiesen haben. Hierbei ist zu beachten, daß leuchtende Eruptionen mit Vorliebe in der Nachbarschaft von Tätigkeitsherden auftreten, die sich gerade bilden oder kurz vor ihrer vollen Entwicklung stehen (3, Bull. Nr. 31, S. 33). Aus der Neigung der Verbindungslinien gegen die Waagerechte läßt sich der Ab-

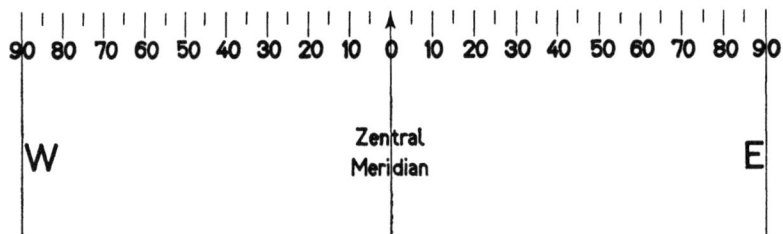

Abb. 1. Maßstab für die Bestimmung des Abstandes der Eruptionen oder Tätigkeitsherde vom zugehörigen Zentralmeridian in den Rotationskarten. Einheit: Grad. Das Gebiet zwischen 90° E und 90° W ist auf der Sonnenscheibe sichtbar zu der Zeit, die dem Zentralmeridian (0°) entspricht.

2. Rotationskarten der Eruptionen. Eine Ergänzung des ersten Teiles der zweiten Seiten bilden die darunter folgenden Karten der Eruptionen. Ihnen liegt dasselbe Gradnetz wie den Rotationskarten der Tätigkeitsherde zugrunde. Das Material wurde den Tabellen „Éruptions chromosphériques brillantes observées au spectrohélioscope et au spectrohéliographe" des „Bulletin for Character Figures" (3) entnommen. Die hier gewählte Darstellung ist folgendermaßen zu verstehen: An den durch Kreise bezeichneten Stellen der Sonnenoberfläche traten Eruptionen auf, und zwar zu den am unteren Rande der Rotationskarten durch Pfeile verschiedener Längen angedeuteten Zeiten. Hierbei sind mehrere zeitlich dicht aufeinander folgende Eruptionen desselben Herdes nur durch eine Zeitmarkierung angegeben, deren Länge der stärksten hier aufgetretenen Eruption entspricht; die Darstellung soll ja

stand des betr. Tätigkeitsherdes von der Sonnenmitte zur Zeit der Eruption abschätzen; infolge der verschiedenen heliographischen Breite der Eruptionsörter stellt dieser Winkel aber kein absolutes Maß dar. Zwecks Feststellung des genauen Abstandes ist daher ein Maßstab horizontal anzulegen, wie er in Abb. 1 dargestellt ist oder aber auch leicht selber herzustellen ist. Wird der jeweilige Mittelmeridian der Sonne mit 0° bezeichnet, so wächst der Abstand nach links und rechts bis 90°. Am Sonnenrand äußern sich die Eruptionen meist als eruptive Protuberanzen. Fand eine Eruption gerade während der Mittendurchquerung statt, so steht die Verbindungslinie von Zeitmarkierung und Herd senkrecht zur Zeitachse, also parallel zu den Längengraden.

Gewisse Züge der Entwicklung lassen sich aus Zu- oder Abnahme der Eruptionszahl ohne weiteres ablesen. Anhand einiger Beispiele werden die Verhältnisse am besten erläutert:

In Rotation 1436 liegt bei 240° Länge und etwa 5° S ein Tätigkeitsherd, in dem eine große Reihe von Eruptionen auftrat. Die Mittendurchquerung fand am 12./13. 3. 1938 statt. Vorher traten nur zwei vereinzelte Eruptionen in dieser Gegend am 8. und 9. 3. auf. Nach der Mittendurchquerung nahm ihre Anzahl rasch zu und nahm dann bei Annäherung an den Sonnenrand wieder ab. Noch am 19. 3., als der Tätigkeitsherd bereits 90° Abstand von der Sonnenmitte hatte, trat eine Eruption auf, die als eruptive Protuberanz im Bulletin for Character Figures vermerkt ist.

Den umgekehrten Gang der Entwicklung zeigt ein Tätigkeitsherd der Rotation 1437, der bei ungefähr 180° Länge und 30° N lag. Schon beim Heraufkommen am Ostrand war die Eruptionstätigkeit im Gange. Sie nahm bei Annäherung an die Mitte merklich zu und hielt auch während der Mittendurchquerung am 13./14. 4. 1938 an. Danach nahm sie jedoch rasch ab, so daß die letzte Wahrnehmung aus dieser Gegend am 16. 4. gemacht wurde.

Den Fall einer die ganze Sichtbarkeit über anhaltenden Tätigkeit stellt die Riesengruppe bei 230° Länge und 20° N in Rotation 1434 dar. In der nächsten Rotation war diese Gruppe ebenfalls noch vorhanden. Doch wies sie eine viel geringere Eruptionstätigkeit auf. Daneben gibt es natürlich auch Herde, in denen sehr wenige Eruptionen, unter Umständen nur eine einzige, auftraten.

Die Stärke der Eruptionen, die nach 1, 2 und 3 unterschieden wird, ist durch verschiedene Längen der Zeitmarkierung angedeutet; die stärksten Eruptionen von Grad 3 sind außerdem durch keilartige Verstärkungen der Pfeilenden besonders hervorgehoben worden. Die Ortsangaben der Eruptionen, die sich vielfach nur geringfügig unterscheiden, sind durch die verhältnismäßige Größe der Kreise gruppenweise zusammengefaßt worden, da im Bulletin ohnehin nur die ungefähren Örter gegeben werden. Dabei ist nach Möglichkeit durch den Ansatzpunkt der zur Zeitmarkierung führenden Linie die genauere Lage der betreffenden Eruption deutlicher gemacht worden. In der Regel sind die Kreise ausgefüllt worden, um sie so mehr hervortreten zu lassen. Die nicht oder nur halbausgefüllten Kreise bedeuten, daß hier ausschließlich oder vorwiegend eine besondere Art von Eruptionen festgestellt wurde, die in den Tabellen des Bulletin for Character Figures mit Sg. bezeichnet wird. Sie wird folgendermaßen charakterisiert: „A partir de ce Bulletin, la liste du tableau I contient non seulement les éruptions observées au spectrohélioscope, mais aussi celles que le spectrohéliographe a enregistrées accidentellement et qui figuraient auparavant en notes de bas de page, sous les nombres caractéristiques relatifs aux bright calcium and H_α flocculi." (3, Bull. Nr. 31, S. 34.)

Verschiedentlich treten an den Kreisen Fragezeichen auf: Ein seitlich angebrachtes Fragezeichen bedeutet, daß die Breite unsicher ist, ein unten oder oben angebrachtes, daß die Länge fraglich ist. Innerhalb der ohnehin für die Ortsangabe vorhandenen Fehlergrenze fallen aber gleichwohl auch diese Eruptionsörter stets in die Nähe von Tätigkeitsherden, wie sie im ersten Teil der Rotationskarten gegeben sind.

Hin und wieder treten allerdings auch einzelne Eruptionen auf, die anscheinend nicht mit einem Tätigkeitsherd des oberen Streifens in Verbindung zu bringen sind. In solchen Fällen ist auf die Definition der Darstellung hinzuweisen: Nur diejenigen Tätigkeitsherde sind aufgenommen worden, die die Mitte durchquert haben. An Hand der Tagesbeobachtungen läßt sich dann feststellen, ob an der betreffenden Stelle eine Neubildung eingetreten ist, oder ob der Tätigkeitsherd schon lange vor Erreichung der Sonnenmitte erloschen ist.

Im einzelnen ergeben sich folgende derartige Fälle:

a) Rotation 1434. 37° Länge, —6° Breite. Am 8. 2., als die Eruption auftrat, war an der betreffenden Stelle eine Fackel zu sehen, die 6 bis 7 Tage vor der (am 1. 2. erfolgten) Mittendurchquerung nicht beobachtet wurde. Es handelt sich also um eine Neubildung. In der nächsten Rotation ist sie noch vorhanden und im oberen Streifen eingetragen.

b) Rotation 1436. 260° Länge, —3° Breite. Am 13. 3., am Tage vor der Eruption, war hier eine kurzlebige Neubildung aufgetreten.

c) Rotation 1436. 240° Länge, —21° Breite. Flecken oder Poren traten in dieser Gegend nicht auf. In der Grünwalder Zeichnung vom 19. 3. findet sich hier aber (schon ganz am Westrand der Sonne, da die Gegend in der Nacht vom 12. zum 13. die Mitte durchquerte) eine winzige Fackel.

d) Rotation 1437. 300° Länge, —2° Breite. Am 6. 5. erscheint nördlich der Spitze der Doppelgruppe bei 280° Länge, —20° Breite eine kleine Fackel, die am Ostrande gefehlt hatte. In der nächsten Rotation tritt sie nicht wieder auf.

e) Rotation 1440. 300° Länge, —12° Breite. Eine Neubildung war hier noch nicht festzustellen. In der nächsten Rotation ist in dieser Gegend zwar ein Tätigkeitsherd, doch ist er kaum mit dieser Eruption in Zusammenhang zu bringen, da er erst drei Tage nach Eintritt in die Sonnenscheibe beobachtet wurde.

f) Rotation 1440. 181° Länge, —1° Breite. Diese Eruption trat vor der Mittendurchquerung auf. Ein irgendwie gearteter Tätigkeitsherd war hier jedoch nicht festzustellen.

g) Rotation 1440. 330° Länge, +17° Breite. Diese eruptive Protuberanz ist wahrscheinlich die erste Lebensäußerung des in der nächsten Rotation hier verzeichneten Tätigkeitsherdes.

h) Rotation 1442. 20 bis 0° Länge, —15 bis —20° Breite. Am 13. 9. ist in einer Grünwalder Zeichnung hier eine Störung angedeutet, an den übrigen Tagen jedoch nicht.

i) Rotation 1444. 38° Länge, —24° Breite. Beim Austritt am Westrand war in dieser Gegend eine kleine Fackel festzustellen.

Für das letzte Vierteljahr 1938 wurden von Herrn Prof. Brunner liebenswürdigerweise die Korrekturbogen des Bulletin for Character Figures zur Verfügung gestellt, damit die Arbeit möglichst zeitig abgeschlossen werden konnte. Für dieses freundliche Entgegenkommen sei auch an dieser Stelle verbindlichst gedankt. Das Ende der Rotation 1446 ist wahrscheinlich noch nicht ganz vollständig, weil die hierhin gehörigen und übergreifenden Beobachtungen aus Anfang Januar 1939 noch nicht vorliegen; es werden aber nur wenige Eruptionen fehlen, da gegen Ende des Jahres die Tätigkeit merklich nachließ, wie Rotation 1446 zeigt.

3. Magnetische Kennziffern. Im dritten Teil der Rotationskarten wird eine Darstellung der Potsdamer erdmagnetischen Kennziffern gegeben, deren Veröffentlichung mit dem 1. Januar 1938 begonnen wurde. Diese Kennziffern geben das Maß des erdmagnetischen Störungszustandes für 8 Abschnitte des Tages, also für je drei Stunden. Zwecks Raumersparnis sind die seltener auftretenden Werte 6—9 durch Verstärkung des Ordinatenstrichs kenntlich gemacht worden. Die Skala für diese hohen Werte befindet sich jeweils auf der rechten Seite der Darstellung, diejenige für die Werte 0—5 ist links. Mit diesen erdmagnetischen Kennziffern ist eine unmittelbare Vergleichsmöglichkeit der Vorgänge auf der Sonne mit den Vorgängen auf der Erde gegeben. Ein erster Überblick zeigt bereits, daß dieser Zusammenhang äußerst verwickelt ist, da durchaus nicht alle Tätigkeitsherde in gleicher Weise wirksam sind. Im allgemeinen hat es ja den Anschein, als wenn von dort, wo häufig Eruptionen auftreten, eine stärkere Strahlung mit erdmagnetischer Wirkung ausginge, doch sind die Fälle durchaus nicht selten, in denen selbst diese aktiven Tätigkeitsherde eine überraschend geringe erdmagnetische Wirkung aufweisen.

4. Sonnenfleckenrelativzahlen des Mittelstreifens. Der unterste vierte Teil der Rotationskarten enthält die Darstellung eines für jeden Tag charakteristischen Wertes, der für 12^h GMT gilt. Es sind Sonnenfleckenrelativzahlen für die Sonnenmitte.

Begründung und Definition. Seit langem ist man sich darüber klar, daß für gewisse geophysikalische Ereignisse die in der Nähe des Sonnenrandes befindlichen Tätigkeitsherde eine untergeordnete Rolle spielen. So zeigen auch die in der Nähe des Zentralmeridians der Sonne auftretenden Eruptionen die stärkste Wirksamkeit. Für diese Behauptung bildet auch die klassische Beobachtung einer solchen ein Beispiel. Die von Carrington am 1. 9. 1859 beobachtete Eruption, die sehr starke erdmagnetische Wirkungen hatte, erfolgte, als die betreffende Fleckengruppe etwa 15° westlich des Mittelmeridians stand (5). Dieser war also rund einen Tag vorher überquert worden. Bei Berücksichtigung der Laufzeit des Korpuskularstromes ergibt sich gegenüber der erdmagnetischen Wirkung eine Phasenverschiebung, deren verschiedene Größe sich an vielen Beispielen in den Rotationskarten erläutern läßt.

Die Einschränkung des Gebietes, innerhalb dessen die Tätigkeitsherde für die Relativzahl der Sonnenmitte Berücksichtigung finden, erscheint auch deswegen notwendig, weil sich sonst die Wirkungen zu vieler Herde überschneiden. Die neue Zahl kann geeignet sein, die Zusammenhänge zwischen solaren und terrestrischen Ereignissen genauer zu kennzeichnen.

Für die Definition ist wichtig, daß auch Fackeln einbezogen wurden, da ihnen ähnliche

Wirkungen wie den Flecken zuzubilligen sind, was ja auch schon in dem Umstand begründet ist, daß sie Vor- und Nachläufer der Flecken sind. Außerdem treten auch in ihrer Umgebung Eruptionen auf. Den Fackeln wurde daher das Gewicht 10 zugeschrieben, wie es für Fleckengruppen gilt. Diese Einbeziehung der Fackeln ist neu, erscheint aber wichtig, da die Fackeln eine steigende Beachtung finden. Bisher wurden sie zwangsläufig vernachlässigt, weil sie bei gewöhnlichen optischen Hilfsmitteln in der Sonnenmitte überstrahlt werden. Seit geraumer Zeit lassen sie sich aber auch dort mit Hilfe der Fotografie in monochromatischem Lichte genau verfolgen. Trotzdem ist noch kein Vorschlag bekannt, auch die Fackeln in die Relativzahl einzubeziehen.

Schon längst wurde die Bedeutung der Durchquerung des Zentralmeridians der Sonne für die geophysikalischen Wirkungen der Sonnentätigkeitsherde erkannt. Deshalb wurde für das „Bulletin" eine Relativzahl für die Zentralzone (Kreisfläche mit halbem Sonnenradius) aufgenommen. Die Ausdehnung dieser Zentralzone von $2 \times 30°$ Durchmesser erscheint mir aber zu groß, da ein die Mitte der Sonnenscheibe durchquerender Herd für das Durchlaufen der Zentralzone rund 4.5 Tage benötigt. Für Herde höherer Breiten, bzw. größerer Abstände von der Sonnenmitte, verkleinert sich die Weglänge in der Zentralzone dem Kosinus des Winkels proportional, den der Radiusvektor nach dem Eintrittsort in die Zentralzone mit dem Zentralmeridian bildet, und schon in $30°$ Abstand von der Sonnenmitte wird diese Weglänge Null. Es ist zwar berechtigt, den Herden höherer Breite eine geringere spezifische Wirksamkeit zuzuschreiben als denen niedrigerer Breite. Ob aber die in der Relativzahl für die Zentralzone gegebene starke Überbetonung der mittennahen Herde berechtigt ist, muß zweifelhaft erscheinen. Erst die vergleichende Benutzung dieser und der neu vorzuschlagenden Relativzahl für die Sonnenmitte kann aber eine Entscheidung zugunsten der einen oder anderen herbeiführen.

An Stelle der Relativzahl für die Zentralzone wird daher vorgeschlagen, eine Relativzahl für den Mittelstreifen aufzustellen. Dieser Mittelstreifen ist definiert durch $\pm 10°$ (heliozentrisch gemessen) vom Zentralmeridian der Sonne aus. Je Tag legt ein Punkt der Sonnenoberfläche durchschnittlich rund $13°$ zurück.

Daher erscheint diese auch zeichnerisch leicht herzustellende Grenze am brauchbarsten zu sein. Einbezogen werden alle Herde ohne Berücksichtigung ihres Abstandes von der Sonnenmitte. Es war daran gedacht worden, das Gewicht dem Kosinus dieses Abstands entsprechend zu verkleinern, doch bleibt das Ergebnis so mager, daß diese Korrektion unnötig erscheint. Denn erst bei $40°$ (der höchsten Breite, in der Flecken beobachtet wurden) wäre mit 0.76 zu multiplizieren, und da hier auch stets nur kleine Gruppen auftreten, hätte die erreichte Verminderung keinen merklichen Einfluß. Daher wurde von einer Korrektion überhaupt Abstand genommen, zumal man sich noch nicht klar ist, wie die Abnahme der Wirkung mit der Breite verläuft und ob sie wirklich merklich ist. Das Vorhandensein einer solchen Abnahme erscheint wohl plausibel, doch fehlen brauchbare Zahlenunterlagen für eine exakte Darstellung. (Nachträglich wird mir bekannt, daß für das Bulletin im Jahre 1928 ebenfalls ein Sektor als Zentralzone benutzt worden war, der erst 1929 zugunsten der Kreisfläche aufgegeben wurde; dieser Sektor umfaßte jedoch $30°$ Länge beiderseits des Mittelmeridians, also $60°$ im ganzen.)

Ein Vergleich mit dem Züricher Material wurde für das Jahr 1937 durchgeführt, weil für diesen Jahrgang die Züricher Rotationskarten bereits seit einem Jahr vorlagen (6). Mit Hilfe einer auf eine Glastafel geätzten Schablone wurde jeweils der $20°$ breite Mittelstreifen (auf den Rotationskarten erscheint dieser Sektor als Rechteck) für 12^h GMT bezeichnet, so daß leicht abgelesen werden konnte, welche Tätigkeitsherde (einschließlich Fackeln) sich in dem Mittelstreifen befanden. Als mittlerer Reduktionsfaktor ergab sich 1.00 (wahrscheinlicher Fehler F = 0.004). Das ist angesichts des für die gesamte Sonnenscheibe festgestellten mittleren Reduktionsfaktors für das Jahr 1937 von 0.86 (Tabelle 1) einigermaßen überraschend. Dieser Unterschied kann einerseits darin begründet sein, daß hier die Zahl der Gruppen (Tätigkeitsherde) unter allen Umständen die gleiche war, denn beide Beobachtungsserien konnten unmittelbar miteinander verglichen werden. Bei der unabhängigen Aufstellung der Relativzahlen für die gesamte Sonnenscheibe können aber öfter Meinungsverschiedenheiten über die Trennung in Gruppen, also über deren Anzahl aufkommen. Eine

Kontrolle ist nicht möglich, weil nicht mehr wie früher die Anzahl der Gruppen und die Anzahl der Flecken für jeden Tag mitgeteilt werden. Andererseits kann die Annäherung aber auch dadurch begründet sein, daß Zürich für die Darstellung seiner Fleckengruppen die Zeit der stärksten Entwicklung wählt. Diese ist aber durchaus nicht immer in der Sonnen-

Um eine solche Erprobung zu erleichtern, werden die Relativzahlen für den Mittelstreifen im Jahre 1938, einschließlich 18. bis 31. 12. 1937, in Tabelle 3 auch zahlenmäßig mitgeteilt.

5. Mondbewegung. Im Streifen der erdmagnetischen Kennziffern sind Buchstaben angebracht, die noch der Erklärung bedürfen.

Tabelle 3.
Sonnenfleckenrelativzahlen im 20° breiten Mittelstreifen für 1938.

Dat.	Dez. 1937	Jan.	Feb.	März	April	Mai	Juni	Juli	Aug.	Sept.	Okt.	Nov.	Dez.
1	—	30	30	20	29	0	20	93	12	26	52	37	20
2	—	10	41	20	38	38	32	101	32	71	34	28	10
3	—	0	36	30	10	89	30	47	12	107	11	65	10
4	—	10	10	20	10	73	32	20	27	44	24	50	38
5	—	22	34	20	34	42	39	30	45	35	66	27	0
6	—	43	40	22	49	37	18	81	67	31	13	35	32
7	—	32	31	32	0	34	41	90	60	24	21	65	58
8	—	0	46	20	16	42	47	54	78	24	26	79	28
9	—	0	50	44	29	39	40	45	34	21	10	20	25
10	—	39	44	58	22	65	85	137	57	15	10	43	29
11	—	79	0	0	39	49	73	85	111	10	26	61	14
12	—	0	24	38	32	61	10	47	47	10	108	53	41
13	—	19	38	67	16	26	10	48	20	38	16	38	63
14	—	0	54	32	23	39	20	98	40	42	13	22	46
15	—	10	74	24	44	34	31	145	26	50	26	58	32
16	—	25	108	43	23	35	74	22	32	56	10	38	21
17	—	43	93	52	0	41	73	40	47	37	22	10	0
18	12	86	60	31	0	15	34	75	31	30	74	38	0
19	15	35	10	41	11	21	34	43	49	31	40	38	49
20	55	30	13	43	21	29	30	12	38	25	10	10	57
21	69	53	23	41	57	29	36	11	43	29	20	20	10
22	21	22	10	74	42	62	129	33	10	27	21	22	0
23	0	24	23	10	35	81	93	85	44	10	0	10	0
24	0	0	25	10	36	119	20	85	20	41	0	29	10
25	20	10	10	12	20	30	0	62	43	116	47	26	23
26	38	31	61	42	21	23	10	94	58	64	61	29	48
27	72	31	43	60	25	24	28	22	58	135	11	11	25
28	73	20	20	10	32	10	20	83	39	134	20	103	20
29	40	30		20	25	23	42	98	29	47	20	72	31
30	24	22		10	10	88	41	64	20	51	0	0	21
31	26	40		0		81		10	37		12		0

mitte gegeben. Daher muß der Unterschied der beiden Reihen kleiner werden. Ein genauerer Vergleich der vom Verfasser aufgestellten Relativzahlen des Mittelstreifens der Sonne mit Werten aus anderen Sonnenbeobachtungen mag zurückgestellt werden; zunächst kann ihr relativer Wert in Bezug auf geophysikalische Ereignisse ohne Berücksichtigung dieser Verhältnisse erprobt werden.

Es sind die Hauptdaten der Bewegung des wahren Mondes, und zwar ist a = Neumond, b = erstes Viertel, c = Vollmond, d = letztes Viertel, A = Apogäum, P = Perigäum. Äquatordurchgänge und Mondwenden wurden weggelassen, um die Übersichtlichkeit zu bewahren. Es ist nur der Tag, nicht die Stunde des Ereignisses eingetragen, weil für die in den Tafeln gebotene Übersicht dieser Hinweis genügt. Die

Eintragung der Mondbewegung wurde vorgenommen, um alle Beiträge zu Deutungsmöglichkeiten auch für zukünftige Untersuchungen zu vereinen. Mit Hilfe der Mondphase kann man auch beurteilen, ob etwa Mondlicht die Erkennung von Polarlichtern erschwerte.

III. Sonnenkoordinaten.

In den täglichen Sonnenzeichnungen ist die Lage von Sonnenachse und Sonnenäquator eingetragen. Es erscheint angebracht, an dieser Stelle einmal eine Ableitung der für ihre Lageänderungen geltenden Gleichungen zu geben.

1. **Heliographische Breite der Sonnenmitte.** Die Sonnenachse steht nicht senkrecht auf der Erdbahnebene. Vielmehr bildet die Äquatorebene der Sonne mit dieser einen Winkel $i = 7°15'$. Die Schnittlinie der beiden Ebenen liegt so, daß sich der aufsteigende Knoten in $75°063$ heliozentrischer Länge befindet, bezogen auf das Äquinoktium 1950.0. Der Sonnenäquator projiziert sich von der Erde aus gesehen in diesem Punkt (am 7. Dezember) und dem um $180°$ entfernten absteigenden Knoten (am 5. Juni) als eine Gerade, die gegen die Erdbahnebene um $7°15'$ geneigt ist. In $90°$ und $270°$ Abstand vom aufsteigenden Knoten projiziert sich der Sonnenäquator als Ellipse von $7°15'$ Öffnung. In ersterem Punkt sieht der Beobachter von Süden, in letzterem von Norden gegen deren Ebene. Der scheinbare Abstand des Sonnenäquators vom Mittelpunkt der Sonnenscheibe, die heliographische Breite der Sonnenmitte B_0 der Ephemeride für physikalische Sonnenbeobachtungen (7), durchläuft also alle Werte von 0 über $+i$, 0, $-i$ nach 0 zurück. Die Zwischenwerte ergeben sich, dem heliozentrischen Abstand der Erde vom aufsteigenden Knoten gemäß, entsprechend dem Sinus dieses Winkels. Dieser ist, wenn l die heliozentrische Länge der Erde ist, und Ω die des aufsteigenden Knotens der Sonnenäquatorebene, gleich $l - \Omega$. Demnach ist

$$(1) \qquad B_0 = i \cdot \sin(l - \Omega).$$

Das Maximum von B_0 tritt dementsprechend ein bei $l - \Omega = 90°$, das Minimum bei $l - \Omega = 270°$. Der Wert Null wird durchlaufen bei $l - \Omega = 0°$ und $180°$. Daraus ergibt sich, nun im Sinne des Erdumlaufs geordnet, l zu $75°$, $165°$, $255°$ bzw. $345°$ heliozentrischer Länge bezogen auf Äquinoktium 1950.0 (Werte abgerundet). Diese Längen erreicht die Erde jeweils etwa am 7. Dezember, 5. März, 5. Juni bzw. 7. September; die Ungenauigkeit der Datumsangaben ist durch die Inkommensurabilität der Einheiten Jahr und Tag bedingt, weswegen die gleiche heliozentrische Länge nicht in jedem Jahr zum gleichen Zeitpunkt erreicht wird. Anfang Juni und Anfang Dezember beschreiben also die Sonnenflecken auf der Sonnenscheibe geradlinige Kreissehnen, Anfang März und Anfang September dagegen Ellipsen, die im ersten Falle nach Norden, im zweiten Falle nach Süden gekrümmt sind. Anfang März sehen wir mehr von der südlichen Hemisphäre der Sonne, Anfang September mehr von der nördlichen.

2. **Positionswinkel der Sonnenachse.** Dem für Himmelsbeobachtungen benutzten Koordinatensystem liegt nun aber nicht die Erdbahnebene zugrunde, sondern die Äquatorebene der Erde, da die Drehung der Erde um ihre Achse für die scheinbare Bewegung der Gestirne maßgebend ist. Dieses äquatoriale Bezugssystem beschreibt, infolge seiner andersartigen Neigung gegen die Ebene des Sonnenäquators, eine andere Bewegung relativ zur Blickrichtung nach der Sonne als der Sonnenäquator. Diese wird gemessen in der Neigung der Sonnenachse gegen den Stunden- (oder Rektaszensions-)Kreis der Sonne, dem Positionswinkel P der Sonnenachse, der positiv nach Osten gezählt wird.

Die Größe dieses Positionswinkels ist abhängig von der heliozentrischen Länge der Erde. Er wird den Wert Null durchlaufen, wenn Erdachse und Sonnenachse in einer Ebene liegen. In jeweils $90°$ Abstand von diesen heliozentrischen Längen wird ein positives bzw. negatives Maximum erreicht. Die Berechnung des Positionswinkels P ergibt sich aus Abb. 2: Als Grundrißebene dient die Ekliptikebene. Im Aufriß erscheint sie daher als Gerade EE', im Grundriß als Kreis. Legt man den aufsteigenden Knoten Ω des Sonnenäquators senkrecht zur Schnittlinie von Grund- und Aufrißebene, so projiziert er sich in letzterer auf den Mittelpunkt 0. Der Sonnenäquator ist demgemäß im Aufriß die Gerade $A_S A'_S$. Der Winkel EOA_S ist i. Im Grundriß erscheint der Sonnenäquator als Ellipse, die sich kaum von dem Ekliptik-Kreis unterscheiden läßt. Die Sonnenachse ist die Gerade $SP_N SP_S$;

definitionsgemäß liegt sie in der Aufrißebene. Die parallel verschobene Erdachse ist die Gerade NS, der Erdäquator ist die Ellipse $\Upsilon B \mathrel{\underline{\Omega}}$. Hierbei bedeutet Υ den Widderpunkt, $\mathrel{\underline{\Omega}}$ den Waagepunkt, d. h. Frühjahrs- bzw. Herbst-Tagundnachtgleiche. Der Ort der Erde wird bei A angenommen. Der Bogen ΥA ist dann die heliozentrische Länge l der Erde. Die Neigung der Erdäquatorebene gegen die Ekliptikebene, die Schiefe der Ekliptik (Winkel bei Υ), wird durch ε bezeichnet. Die durch NAB gehende Ellipse ist dann der Stunden- oder Rektaszensionskreis der Sonne, der definitionsgemäß auf der Erdäquatorebene senkrecht steht. Die Ellipse $SP_N A \, SP_S$ ist die durch Erdort und Sonnenachse gehende Ebene, also die Ebene des Zentralmeridians der Sonne. Der Neigungswinkel dieser beiden Ebenen ist der Positionswinkel P der Sonnenachse. Die heliozentrische Länge des aufsteigenden Knotens der Sonnenäquatorebene wird mit Ω bezeichnet. Die durch EP_N und EP_S sowie durch A gehende Ebene (Ellipse $EP_N A$) steht senkrecht auf der Ekliptikebene und teilt daher P in zwei Winkel x und y, die das Komplement zu den beiden Winkeln u und v sind, aus denen sie sich somit bestimmen lassen.

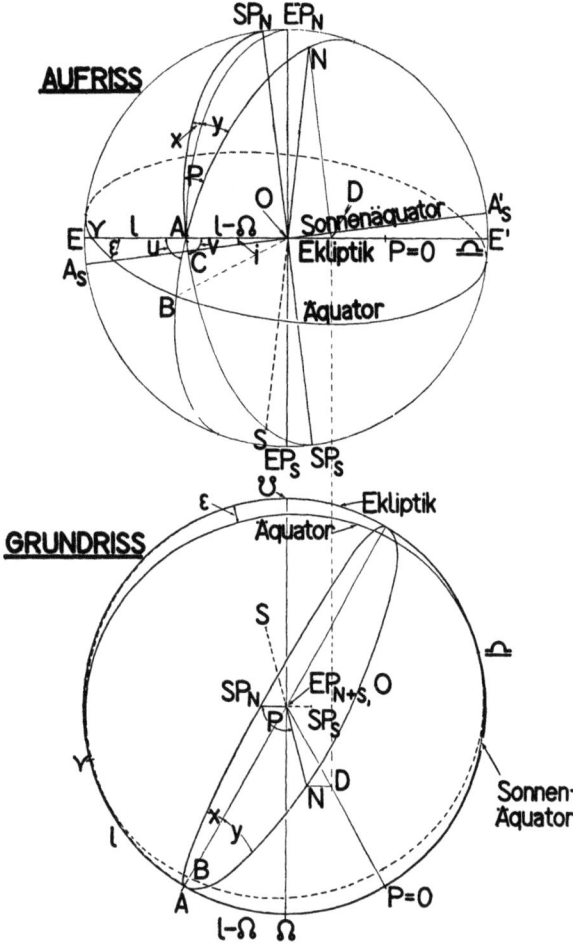

Abb. 2. Ableitung der Gleichung für den Positionswinkel P der Sonnenachse. Grundrißebene ist die Ekliptikebene EE'. Die Ekliptikachse ist $EP_N—EP_S$, die Sonnenachse $SP_N—SP_S$, die parallel verschobene Erdachse $N—P$. Der Erdort ist A. Die durch A und die Ekliptikachse gelegte Ebene steht auf dieser senkrecht und teilt den Positionswinkel P der Sonnenachse in zwei Winkel x und y; diese sind Teile je eines rechten Winkels und werden aus diesen herausgeschnitten von den beiden Ebenen, die durch den Erdort A und Sonnen- und Erdachse gelegt werden. Daraus ergibt sich $P = x + y$. Für jeden Summanden der rechten Seite, läßt sich eine Gleichung entweder mit dem Argument λ (scheinbare, geozentrische Länge der Sonne) oder mit $180^{\circ} - \lambda = l$ (wobei l die heliozentrische Länge der Erde ist) aufstellen, da $x = \dfrac{\pi}{2} - u$ und $y = \dfrac{\pi}{2} - v$. Eine Änderung des Argumentwinkels hat lediglich Einfluß auf das Vorzeichen von P, das so definiert ist, daß P nach Osten positiv gerechnet wird; daher wird das Argument λ gewählt, das ja auch unmittelbar beobachtet wird. Der Ort, an dem $P = 0$ ist, läßt sich außer auf rechnerischem auch auf konstruktivem Wege ermitteln. Sie ist die Spur der durch Sonnen- und Erdachse gelegten Ebene in der Grundrißebene, die durch die Punkte O und D definiert ist; wenn man DO über O hinaus verlängert, erhält man den zweiten Wert von λ, für den $P = 0$.

Zur Berechnung von P dienen die rechtwinkligen sphärischen Dreiecke ΥAB und $A\Omega C$. Bezeichnet man den Neigungswinkel der Ebene des Stundenkreises der Sonne gegen die Ekliptikebene, $\sphericalangle EAB$, mit u, den Neigungswinkel der durch Sonnenachse und Erdort gehenden Ebene gegen die Ekliptikebene, $\sphericalangle \Omega AC$, mit v, so ist

$$(2) \qquad P = x + y = \pi - (u + v).$$

Aus dem bei B rechtwinkligen sphärischen Dreieck ΥAB folgt

$$(3) \qquad \cot u = \operatorname{tg} \varepsilon \cdot \cos l.$$

Aus dem bei C rechtwinkligen sphärischen Dreieck $A \Omega C$ folgt

$$(4) \qquad \cot v = \operatorname{tg} i \cdot \cos (l - \Omega).$$

Setzt man, gemäß Definition und Gleichung (2), $u = \dfrac{\pi}{2} - x$ und $v = \dfrac{\pi}{2} - y$, so wird aus (3) und (4)

$$(5) \qquad \operatorname{tg} x = \operatorname{tg} \varepsilon \cdot \cos l$$
$$(6) \qquad \operatorname{tg} y = \operatorname{tg} i \cdot \cos (l - \Omega) \text{ und}$$
$$(7) \qquad P = x + y$$

Wenn an Stelle der heliozentrischen Länge l der Erde die scheinbare Länge der Sonne λ gesetzt wird, so gehen (5) und (6) über in

(8) $\qquad \operatorname{tg} x = -\operatorname{tg} \varepsilon \cdot \cos \lambda$

(9) $\qquad \operatorname{tg} y = -\operatorname{tg} i \cdot \cos (\lambda - \Omega).$

tg ε und tg i sind als Konstante zu betrachten, ebenso Ω, da dessen scheinbare Änderung infolge der Präzession, bei Benutzung des Normaläquinoktiums 1950.0, unwesentlich ist; denn anderenfalls müßte gesetzt werden $\Omega = 73°40' + 50''.25 \, (t - 1850)$, worin t die Jahreszahl des Beobachtungsjahres ist (7, S. 860). Für P ergibt sich also nur eine Abhängigkeit von der heliozentrischen Länge l der Erde. Aus der Funktionsgleichung läßt sich dieser Wert nur mittels sehr umständlicher Rechnung exakt bestimmen. Daher wurde die tabellarische Einkreisung der den Werten $P = \text{max.}$ und $P = 0$ zugehörigen Werte von λ gewählt, die in Tabelle 4 wiedergegeben wird. Wie man aus dem Bau der Gleichungen (7) bis (9) erkennt, liegen Maximal- und Nullpunkt nicht symmetrisch, haben also nicht 90° Abstand voneinander; allerdings ist die Abweichung, wie zu sehen ist, nicht groß. Gleichwohl mußte deshalb die Hälfte der Funktion $P(\lambda)$ tabellarisch erfaßt werden. Infolge der Symmetrie der P-Kurve zur λ-Abszisse enthält Tabelle 4 trotz dieser Beschränkung eine vollständige Angabe für P nach dem Argument λ von 0° bis 360°, denn $P(\lambda) = - P(\lambda + 180°)$.

Das durch die Tabelle erfaßte positive Maximum von P liegt bei $\lambda = 196°.90$, der Nullwert bei $\lambda = 104°.87$ (für letzteren gilt auch die Konstruktion in Abb. 2). Das negative Maximum tritt auf Grund der Symmetrie ein bei $\lambda = 16°.90$, der zweite Nullwert bei $\lambda = 284°.87$. Zur Vermeidung von Irrtümern sei hier daran erinnert, daß λ die scheinbare (geozentrische) Länge der Sonne ist, nicht die um 180° davon verschiedene heliozentrische Länge der Erde. Eine größere Genauigkeit der Winkelwerte ist unnötig, da die Elemente der Sonnenrotation selber noch mit merkbaren Ungenauigkeiten belastet sind; die grundlegenden Arbeiten hierüber, von Carrington (1) und Spörer (2) stammend, legen die Schwierigkeiten dieser Bestimmungen dar. Die Theorie des Verfahrens, die Schiefe des Sonnenäquators und die Dauer der Sonnenrotation aus Fleckenbeobachtungen abzuleiten, braucht hier nicht entwickelt zu werden, da sie für die vorgelegten Beobachtungen keine Bedeutung besitzt und sie außerdem verschiedentlich in der Literatur erläutert worden ist (8 und 9).

Datumsmäßig ergeben sich für die Extremwerte von P folgende Zeitpunkte: 6. Januar (0°), 7. April (—26.4°), 7. Juli (0°), 11. Oktober (+26.4°) ± 1 Tag. Diese Unsicherheit hat den gleichen Grund wie bei der heliographischen Breite des Mittelpunktes der Sonnenscheibe.

Konstruktiv läßt sich die Lage der durch Sonnen- und Erdachse gehenden Ebene als eine elementare Aufgabe der darstellenden Geometrie lösen (Abb. 2): Die Spuren der durch die beiden Geraden $SP_N \, SP_S$ und NS definierten Ebene sind zu bestimmen. Wichtig ist die Spur in der Grundrißebene, der Ekliptikebene. Diese Gerade wiederum ist definiert durch zwei Punkte. Der eine Punkt ist O. Der andere läßt sich als Durchdringungspunkt einer Parallele zur Sonnenachse durch irgendeinen Punkt der Erdachse festlegen. Am geeignetsten ist hierfür der Nordpol N. In Auf- und Grundriß ist also je eine Parallele zur entsprechenden Projektion der Sonnenachse zu legen. Im Aufriß ergibt sich der gesuchte

Tabelle 4.
Einkreisung der zum Maximal- und Nullwert von P gehörigen Werte von λ. Zugrunde gelegt sind $\varepsilon = 23°27'$ (Schiefe der Ekliptik) und $i = 75.063°$ (Neigung der Sonnenäquatorebene gegen die Ekliptikebene).

λ	P	λ	P	λ	P
90°	—7°.008	101°	—2°.273	104° 05'	—0°.324
100	—2.273	102	—1.318	10	—0.284
110	+2.485	103	—0.839	15	—0.244
120	7.091	104	—0.362	20	—0.205
130	11.401	105	+0.115	25	—0.165
140	15.296	106	0.594	30	—0.125
150	18.700	107	1.073	35	—0.085
160	21.534	108	1.551	40	—0.045
170	23.757	109	2.025	45	—0.006
				50	+0.034
				55	+0.074
180	25.333	191	26.250	196° 15	26.37809
190	26.201	192	26.289	20	26.37847
200	26.333	193	26.323	25	26.37880
210	25.717	194	26.348	30	26.37908
220	24.333	195	26.366	35	26.37931
230	22.150	196	26.377	40	26.37948
240	19.233	197	26.380	45	26.37961
250	15.560	198	26.375	50	26.37967
260	11.517	199	26.363	55	26.37969
270	7.008			197° 00	26.37966
				05	26.37957

Durchdringungspunkt als Schnittpunkt D mit der Geraden EE'. Von hier braucht nur nach unten gelotet zu werden. Im Grundriß ist D der Schnittpunkt dieses Lotes mit der durch N gehenden Parallele zum Grundriß von SP_N SP_S. Die Gerade OD ist die gesuchte Spur, die heliozentrische Länge, für die $P = O$ wird. Für den um 180° größeren Wert von l gilt das Gleiche, also für die Verlängerung von DO über O hinaus.

3. Neigungsänderung des Sonnenstundenkreises gegen Horizont bzw. Vertikal. Nachdem die Ableitungen für die heliographische Breite B_0 der Sonnenmitte und den Positionswinkel P der Sonnenachse gegeben worden sind, kann der Vollständigkeit halber noch eine allgemeine Formel für die Neigung der Ebene des Stundenkreises der Sonne gegen die Horizontebene angeführt werden. Die Änderung dieser Neigung, die durch die Erdrotation bedingt ist, ruft nämlich eine scheinbare Bewegung der Sonnenflecken in bezug auf den Horizont im Laufe eines Tages hervor. Diese muß nicht nur bei direkter Beobachtung der Sonne, d. h. ohne besondere Hilfsmittel oder mittels Feldstecher bzw. terrestrischem Okular, beachtet werden, sondern auch bei Beobachtungen mit dem astronomischen Fernrohr, wenn man die Lage der Sonnenachse bzw. des Sonnenäquators einwandfrei festlegen will. In Abb. 3 bedeutet NS wieder die Erdachse, während als Grundrißebene diesmal die Horizontebene gewählt wurde, so daß Z = Zenitpunkt und Na = Nadirpunkt ist. Der Standpunkt des Betrachters ist der Nordpunkt des Horizontes, der auf O fällt, weil der Mittagsmeridian als senkrecht zur Aufrißebene angenommen ist. Die Neigung des Stundenkreises ist abhängig von der Größe des Stundenwinkels τ und der geographischen Breite φ. Nach Dreieck NOA ergibt sich die Größe von z aus

$$(10) \quad \sin z = \cos \varphi \cdot \sin \tau.$$

Im wahren Mittag steht der Stundenkreis senkrecht zur Horizontebene, fällt also mit dem Vertikalkreis zusammen. Zählt man τ vom Mittag aus, so wird hier $\sin z = 0$. Bei konstantem φ treten die größten Neigungen gegen den Vertikalkreis auf, wenn $\sin \tau = 1$ wird, das heißt bei $\pm 6^h$ oder $\pm 90°$, gezählt vom wahren Mittag.

Für Berlin ($\varphi = 52°\!.5$) sind die Werte von z für halbe Stunden in Tabelle 5 enthalten. Hier

Tabelle 5.
Neigung z des Stundenkreises gegen den Vertikalkreis für die Breite $\varphi = 52°\!.5$ von Berlin zur Zeit τ Stunden vor oder nach dem wahren Mittag.

τ	z	τ	z
h	°	h	°
0.0	0.0	3.5	28.9
0.5	4.6	4.0	31.8
1.0	9.1	4.5	34.2
1.5	13.5	5.0	36.0
2.0	17.7	5.5	37.1
2.5	21.8	6.0	37.5
3.0	25.5		

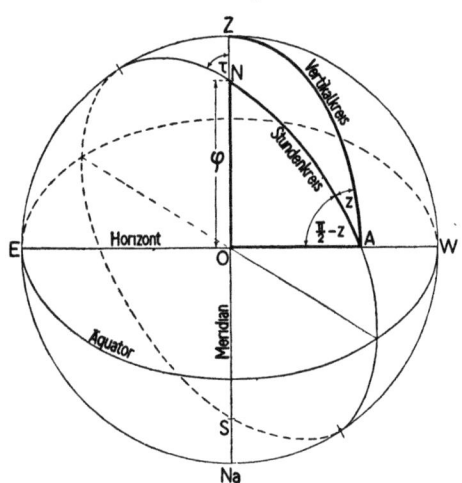

Abb. 3. Ableitung der Gleichung für den Neigungswinkel z des Sonnenstundenkreises gegen den Vertikalkreis. Ansicht vom Nordpunkt der Horizontebene. Z = Zenit, Na = Nadir. Die Variabeln der Gleichung sind geographische Breite φ und Stundenwinkel τ. Eine Übersicht über die einander zuzuordnenden Werte dieser Variabeln und der Werte von z gibt Abb. 4.

werden nur die Vormittagswerte mitgeteilt, da die Nachmittagswerte infolge der oben gegebenen Definitionen für z und τ diesen vollkommen entsprechen. Für die zu Mitternacht symmetrische Tageshälfte wiederholen sich die Werte in umgekehrter Reihenfolge; daher brauchen auch diese nicht aufgeführt zu werden, zumal sie nur gelegentlich (im Sommer) für Sonnenbeobachtungen in Betracht kommen.

Einen Überblick über die durch Gleichung (10) definierten Abhängigkeiten für die gesamte Erde vermittelt Abb. 4. Die Kurvenschar entspricht den Tagesstunden, bzw. τ, gezählt vom wahren Mittag. Aus dem Abszissenargument φ läßt sich für jede Tagesstunde die Größe von z mit genügender Genauigkeit entnehmen. Infolge der Symmetrie ist auch hier nur ein

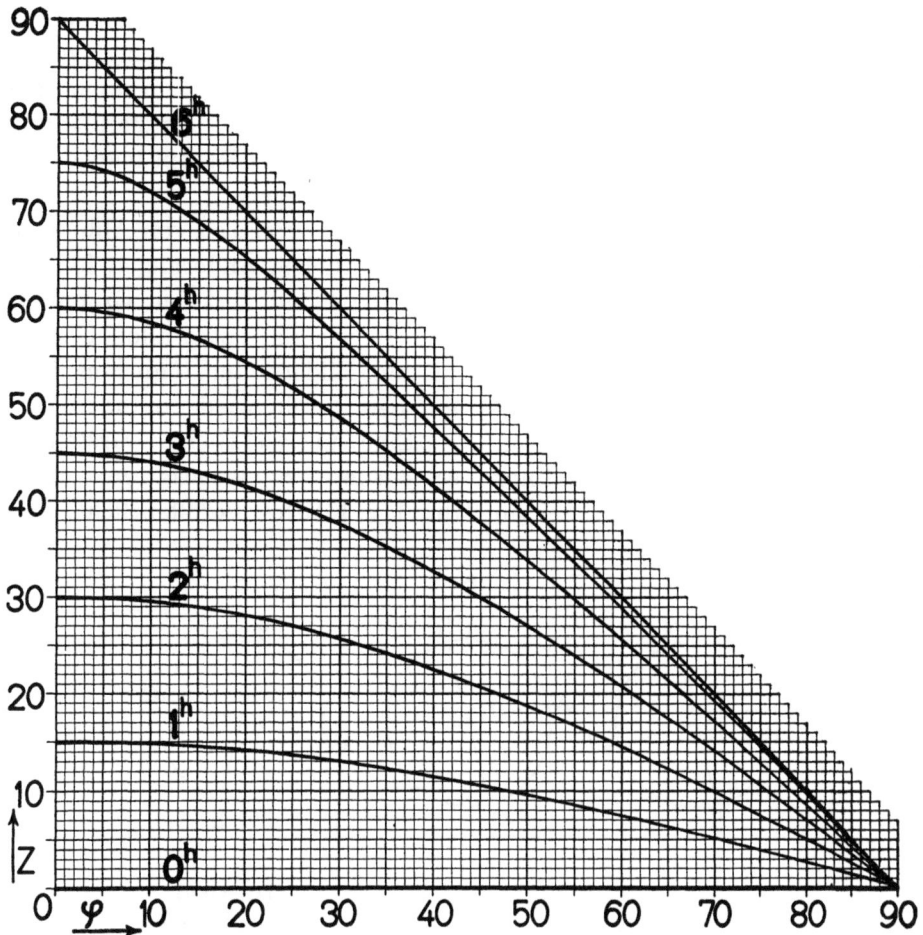

Abb. 4. Abhängigkeit des Neigungswinkels z des Sonnenstundenkreises gegen den Vertikalkreis. Abszisse ist geographische Breite φ in Grad, Ordinate Neigungswinkel z in Grad. Die Kurvenscharen entsprechen Stundenwinkeln τ gerechnet vom wahren Mittag an. Wegen der absoluten Symmetrie (vgl. Abb. 3) sind die zuzuordnenden Werte vom Vorzeichen von φ und τ unabhängig. Daher brauchte nur ein Viertel des vollständigen Diagramms gegeben zu werden.

Tagesviertel wiedergegeben. Für Südbreite ändert sich in z nichts. An den Polen, wo Horizont- und Äquatorbezugssystem zusammenfallen, ist z immer gleich Null, wie im Mittag für jede andere Breite. Um 6^h und 18^h wird das Maximum erreicht, das am Äquator ($\varphi = 0^0$) 90^0 erreicht. Da hier infolgedessen nach (10) $z = \tau$ ist, nimmt z hier im Laufe des Tages linear ab und zu; es ist gleich dem Stundenwinkel. Das bedeutet, daß am Äquator die größten Änderungen von z auftreten, während sie am Pol stets Null bleiben.

Die Ausdrücke für B_0 in (1), für P in (8) und (9) und für z in (10) lassen also die gesamten scheinbaren Änderungen in der Bewegung der Erscheinungen auf der Sonnenoberfläche bestimmen.

4. Abbildungsarten der Sonnenscheibe. Die durch die Sonnenrotation bedingte scheinbare Bewegung der Sonnenflecke geht nun in verschiedenem Sinne vor sich, je nachdem wie die Sonne beobachtet wird. Bei Betrachtung mit bloßem Auge, bzw. mit Feldstecher oder terrestrischem Okular ergebe sich z. B. der idealisierte Fall a in Abb. 5. Die kurzen Striche am oberen und unteren Sonnenrande sollen die Lage des Stundenkreises der Sonne angeben. Wenn er, wie hier und in den täglichen Sonnenbildern der Tafeln durch kurze senkrechte Striche oben und unten angedeutet, senkrecht steht, so findet die Beobachtung zur Zeit des wahren Mittages statt.

Im umkehrenden astronomischen Fernrohr werden oben und unten, links und rechts miteinander vertauscht. So ergibt sich Anblick b in Abb. 5.

Wählt man weiterhin die Projektionsmethode, indem man in angemessenem Abstand hinter dem Okular einen Schirm aus weißem Papier anbringt oder mit der Hand hält, so werden auf Grund des Strahlenganges im astronomischen Fernrohr, wie ihn der mittlere Teil von Abb. 5 idealisiert darstellt, abermals oben und unten, und wegen der Rotationssymmetrie auch links und rechts miteinander vertauscht. Bei Betrachtung entgegen der Strahlenrichtung ergäbe sich also dasselbe Bild wie bei Fall a, ähnlich wie bei Wirkung eines terrestrischen Okulars, in dem das durch das Objektiv entworfene Bild durch eine Zusatzlinse aufrecht gestellt wird. Da man aber bei Projektion auf einen lichtundurchlässigen Schirm das Bild nur in Richtung des Strahlenganges zu betrachten vermag, sieht man jetzt das Spiegelbild, in dem also nur links und rechts vertauscht sind, während oben und unten unverändert bleiben. Fall c entsteht also aus Fall a durch Betrachtung von hinten. Klappt man c auf a, so decken sich beide Bilder.

Im untersten Teil von Abb. 5 sind dann die jahreszeitlichen Änderungen für Betrachtungsart c dargestellt mit den Extremlagen von B_0 und P, wie sie, nebst allen Übergängen, auch in den Bildern der täglichen Beobachtungen auf den Tafeln wiederzufinden sind.

Eine übersichtliche Darstellung der verschiedenen Projektionsarten wurde neuerdings durch v. Klüber veröffentlicht, allerdings ohne

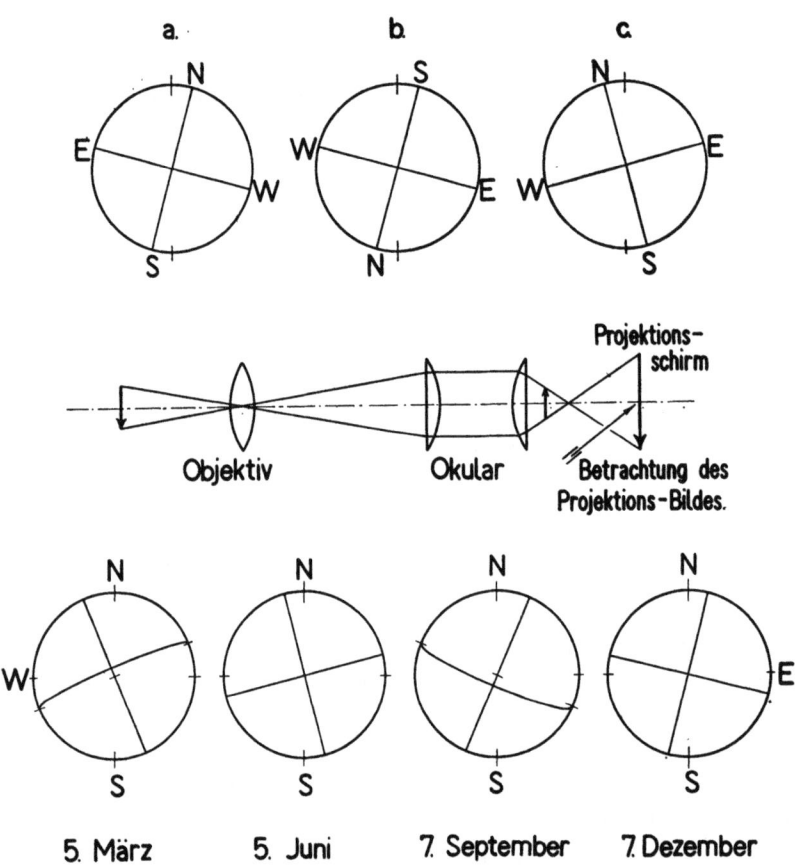

Abb. 5. Ableitung der verschiedenen Ansichten des Sonnenkoordinatensystems. NS=Sonnenachse, EW=Sonnenäquator, beide idealisiert. Die kleinen Striche am oberen und unteren Teil der Kreise deuten den Stundenkreis der Sonne an (im wahren Mittag ist es der Ortsmeridian), also die durch Erdachse und Sonnenmitte gehende Ebene.

Obere Reihe:
a) Ansicht mit freiem Auge, bzw. Feldstecher oder terrestrischem Fernrohr.
b) Ansicht im rotationssymmetrisch umkehrenden astronomischen Fernrohr.
c) Ansicht auf dem Projektionsschirm durch Rückumdrehung und spiegelbildliche Betrachtung (**hier benutzt!**).

Mittlere Reihe:
Schematischer Strahlengang des astronomischen Fernrohrs bis zum Projektionsschirm.

Untere Reihe:
Lage von Sonnenachse und Äquator in Extremlagen **bei Betrachtung nach Projektionsmethode gemäß c der oberen Reihe.**

Berücksichtigung der Lage der Sonnenkoordinaten, die sich jedoch an Hand der dort gegebenen Abbildungen leicht eintragen lassen (10).

IV. Anregung zu laufender Berichterstattung.

Die Sonnentätigkeit gewinnt steigende praktische Bedeutung zunächst für die Nachrichtentechnik. Anzunehmen ist, daß andere dem praktischen Leben unmittelbar dienende Zweige der Naturwissenschaft in absehbarer Zeit in die gleiche Lage kommen. Vielleicht regt daher die vorliegende Veröffentlichung zu dem Wunsche an, ein solches Material in kürzeren Zeitabschnitten verfügbar zu machen. Daher ist der Plan entstanden, gleichsam als Fortführung dieser Veröffentlichung, nach Abschluß je einer Sonnenrotation zunächst in der hier gegebenen Form Rotationskarten der eben vergangenen 27 Tage zusammenzustellen. Interessenten könnten dann entweder fotografische Verkleinerungen oder auch Lichtpausen in Originalgröße erhalten. Den Originalen werden Sonnenzeichnungen von 150 mm Durchmesser, ausgehend von der Größe der Sonnenzeichnungen des Verfassers, zugrunde gelegt, so daß 1 mm in der Scheibenmitte rund 9300 km entspricht. Das Beobachtungsmaterial soll durch Verstärkung der Arbeitsgemeinschaft noch verbessert werden. Ein weiterer Ausbau, durch Beisteuerung spektroheliographischer Beobachtungen oder durch häufigere Berichterstattung wird angestrebt.

Literaturverzeichnis.

1. R. C. Carrington, Observations of the spots of the sun from 1853, XI, 9 to 1891, III, 24 made at Redhill, London 1863.
2. G. Spörer, Beobachtungen der Sonnenflecken zu Anclam, Publ. Astronom. Ges. 13, Leipzig 1874 und Beobachtungen der Sonnenflecken II, ebenda. Leipzig 1876.
3. Bulletin for Character Figures of Solar Phenomena published by the Eidgen. Sternwarte in Zürich.
4. J. Bartels, Potsdamer erdmagnetische Kennziffern, Z. Geophys. 14, 1938, 68, Tab. 1 u. Forts.
5. J. Bartels, Solar eruptions and their ionospheric effects, Terr. Magn. 42, 1937, 235.
6. W. Brunner, Astronom. Mitt. Zürich Nr. CXXXVI (1938).
7. Nautical Almanac 1939, London 1938, S. 860.
8. M. Wolf, Handbuch der Mathematik, Physik, Geodäsie und Astronomie, Zürich 1892, Bd. 2.
9. F. Plaßmann, Hevelius Handbuch für Freunde der Astronomie, Berlin 1922, S. 291.
10. H. v. Klüber, Die Sterne 19, 1939, 117.

Zusammenfassung der Tafelerklärungen.

I. Tägliche Sonnenbilder. Am oberen und unteren Rand ist durch kurze Striche der Stundenkreis der Sonne, am linken und rechten Rand der Deklinationskreis oder, da durch die senkrechte Stellung des Stundenkreises der Anblick auf den im wahren Mittag reduziert ist, der Höhenkreis der Sonne. Sonnenachse und Sonnenäquator sind gemäß Abb. 4, untere Reihe eingetragen (Projektionsmethoden). Die Tätigkeitsherde ziehen von rechts nach links über die Sonnenscheibe. Demgemäß ist Osten rechts, Westen links. Norden ist oben, Süden unten.

II. Rotationskarten. 1. Oberer Streifen. Rotationskarte der Tätigkeitsherde. Zeitzählung (s. unterer Rand des Gesamtbildes) schreitet von links nach rechts fort, die Längenzählung der Sonne von rechts nach links. Dadurch entspricht die Lage der Himmelsrichtungen der der täglichen Sonnenbilder. Die Ansicht der Tätigkeitsherde entspricht der kurz vor oder bei Durchquerung des Zentralmeridians. Koordinatensystem: Abszisse gleich Längengrade der Sonne nach Carrington; Ordinate gleich Abstand vom Mittelpunkt der Sonnenscheibe. Zur Reduzierung auf wahre heliographische Breite ist die Lage des Sonnenäquators gestrichelt eingetragen.

2. Rotationskarte der Eruptionen (nach Bulletin for character figures). Stärke 1 = kurzer Pfeil, Stärke 2 = mittellanger Pfeil, Stärke 3 = langer Pfeil mit verdicktem Ende. Diese am unteren Rande angebrachten Pfeile geben gleichzeitig den Zeitpunkt der Eruptionen an. Die schwarzen Kreise im Koordinatensystem stellen den Ort der Eruption dar. Orte und Zeitpunkte, die zueinander gehören, sind durch dünne Striche miteinander verbunden.

3. Potsdamer magnetische Kennziffern, erste Ziffern. Stufen 0 bis 9; 6 bis 9 sind durch Verstärkung des Ordinatenstriches kenntlich gemacht. Die Skala für letztere befindet sich am rechten Bildrand.

Die Buchstaben kennzeichnen die Stellungen des wahren Mondes: a=Neumond, b=erstes Viertel, c=Vollmond, d=letztes Viertel, A=Apogäum, P=Perigäum.

4. Sonnenfleckenrelativzahlen des Mittelstreifens der Sonne ($\pm 10^0$ vom Zentralmeridian von 12^h GMT). Entsprechen nicht den Relativzahlen der Zentralzone.

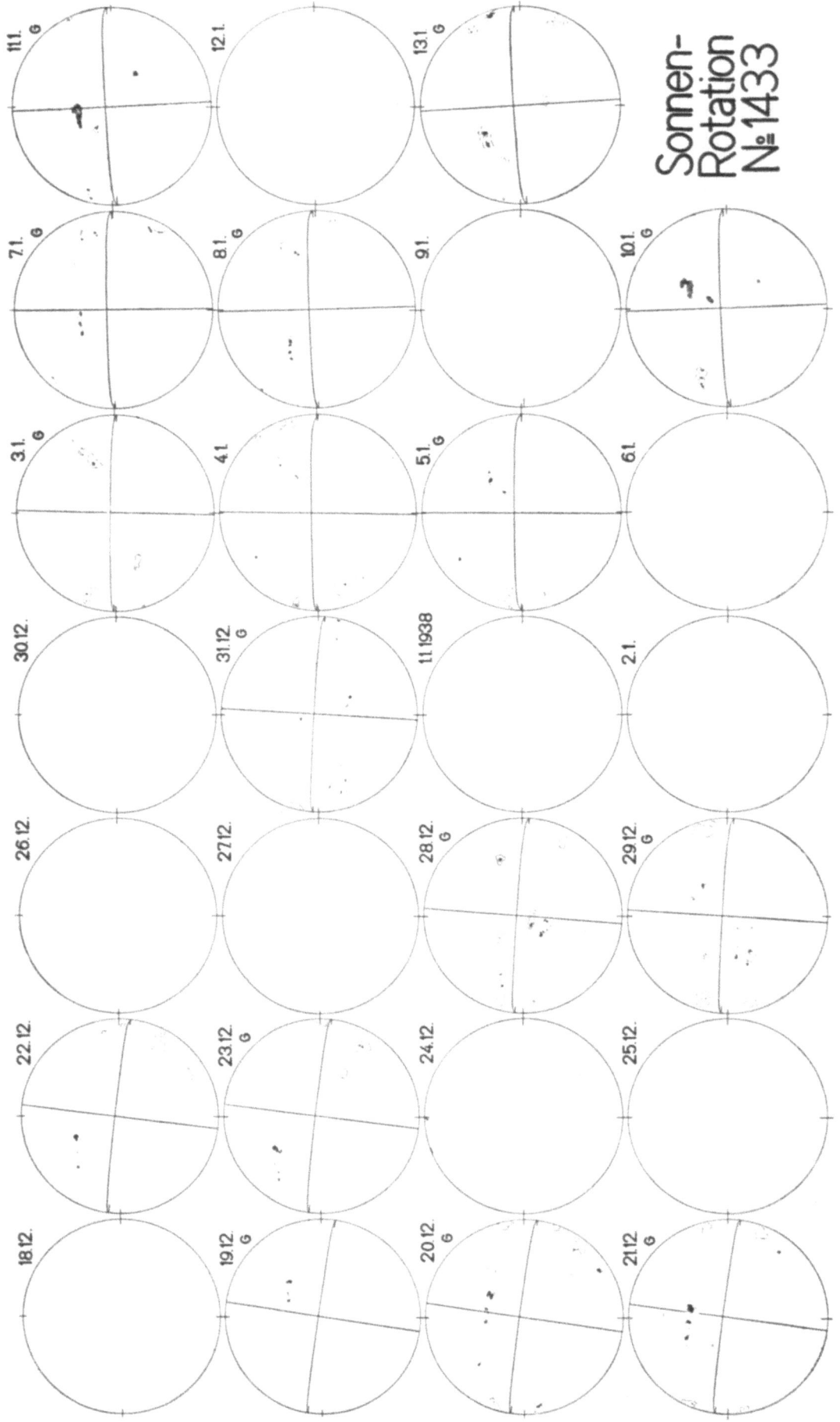

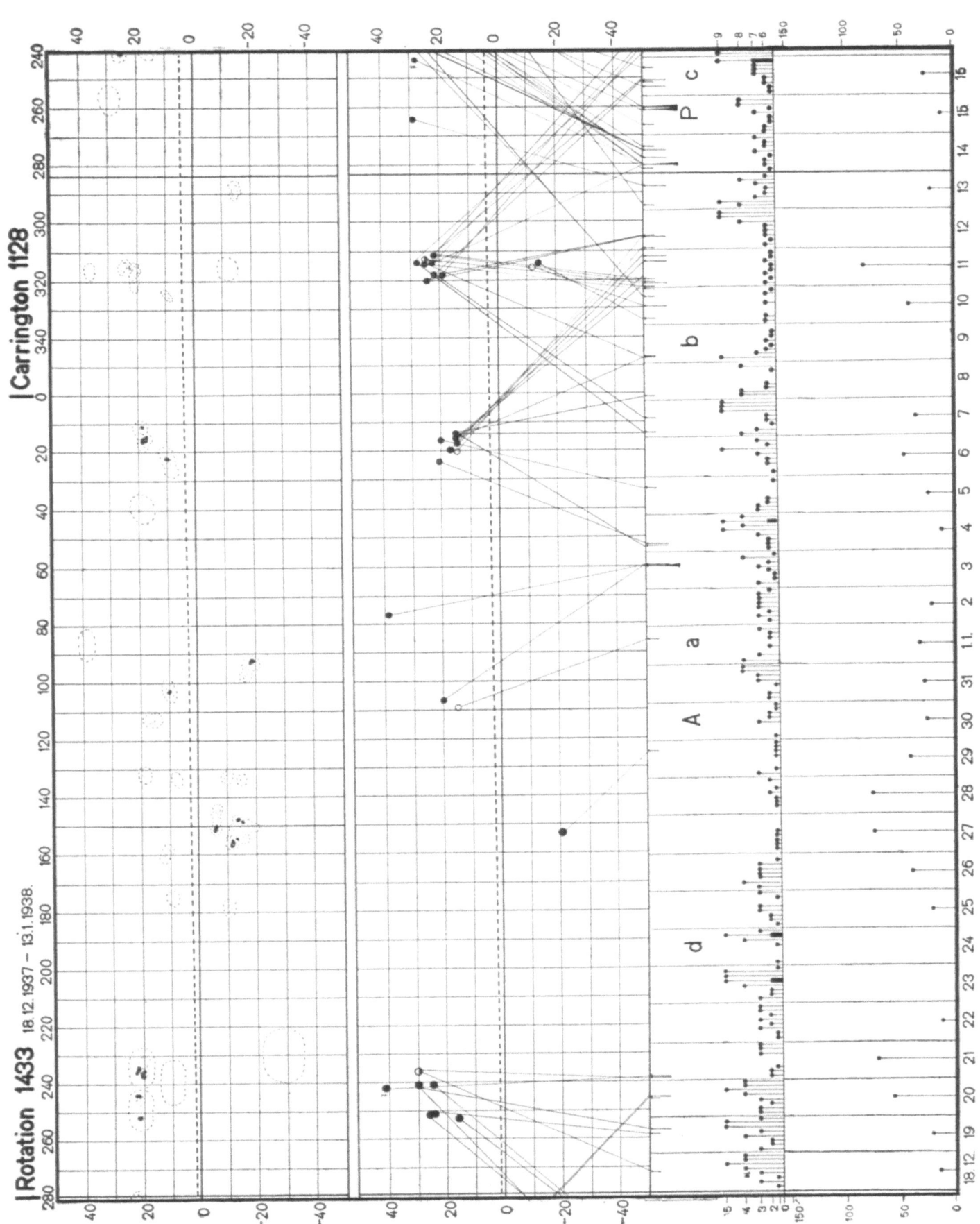

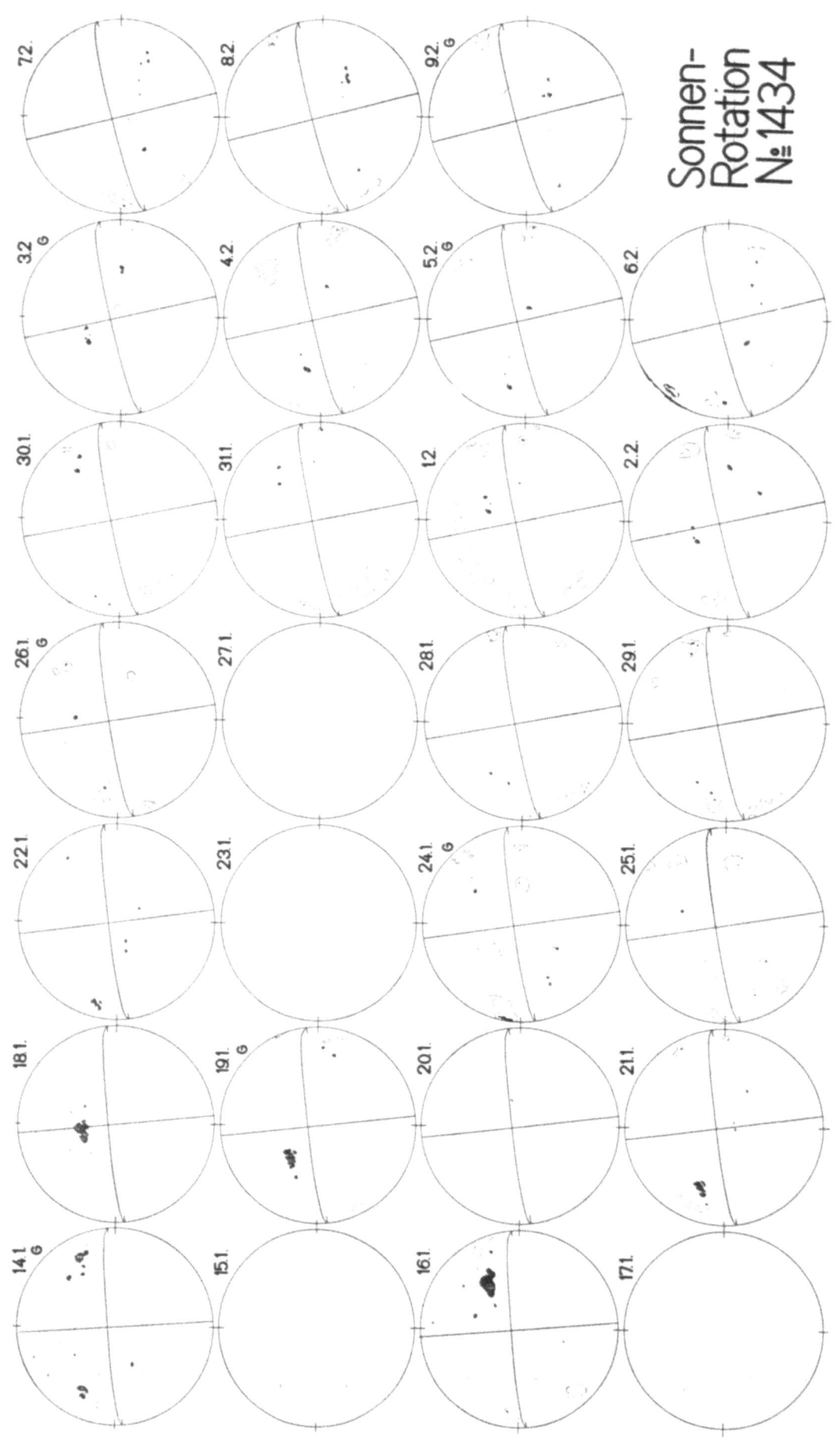

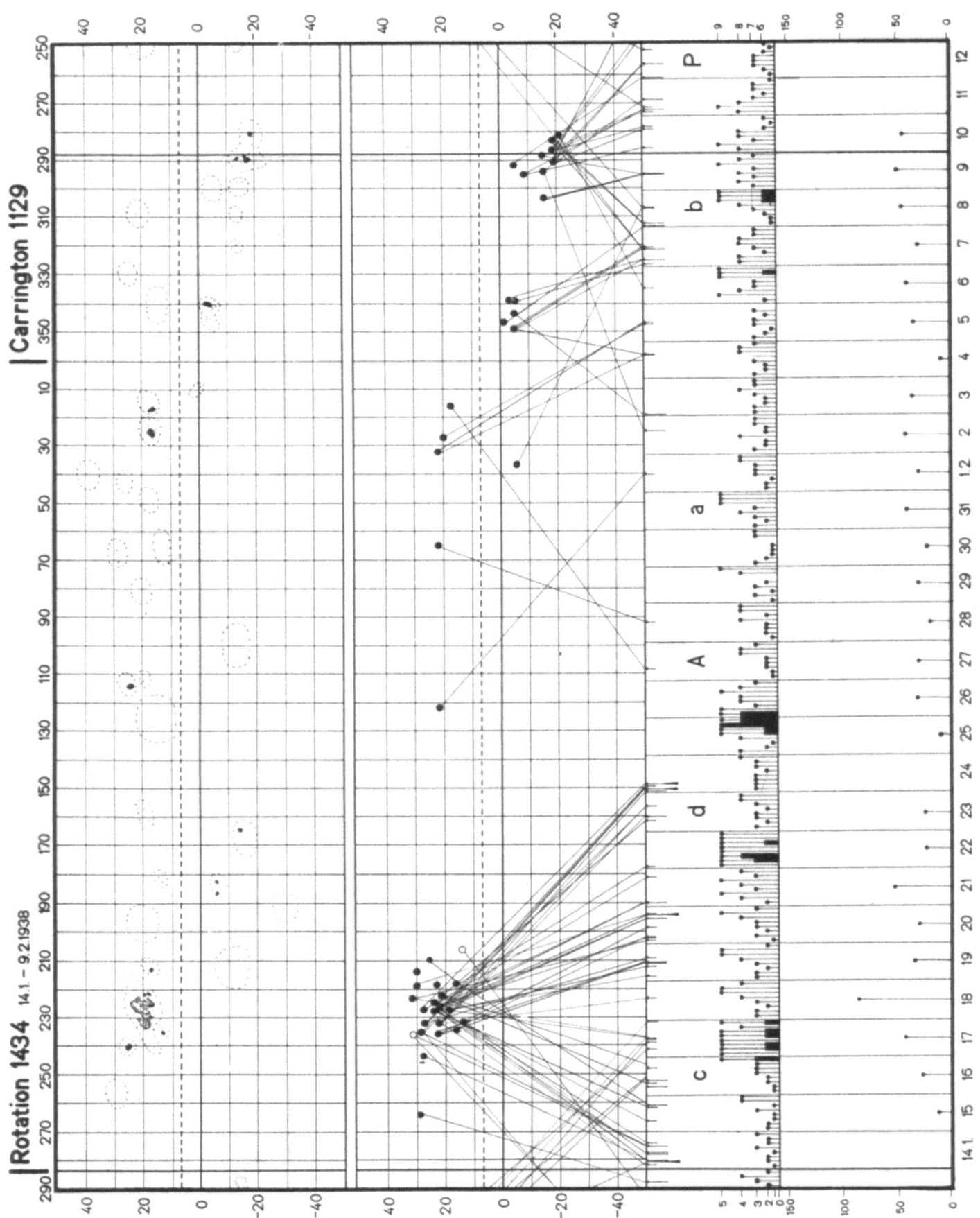

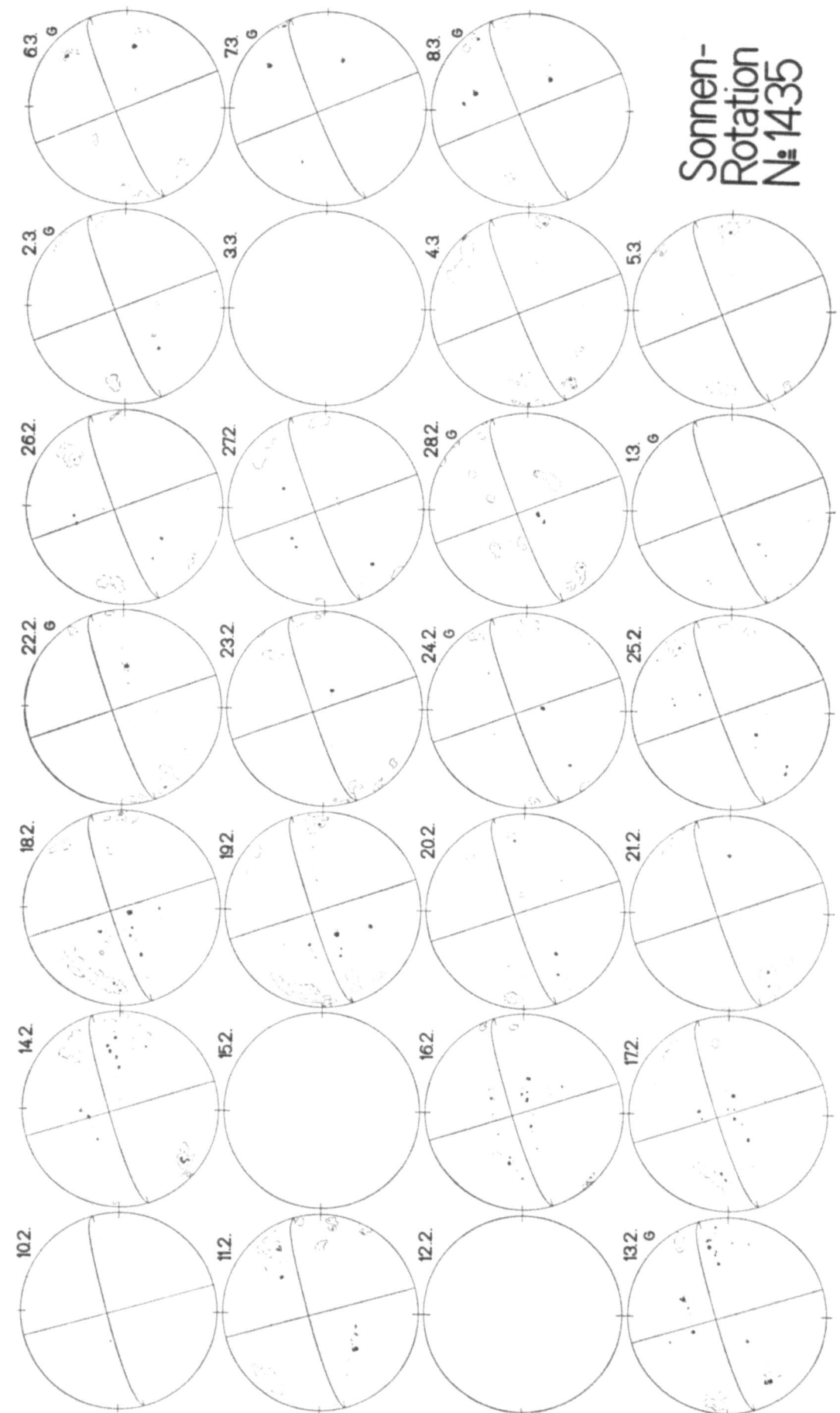

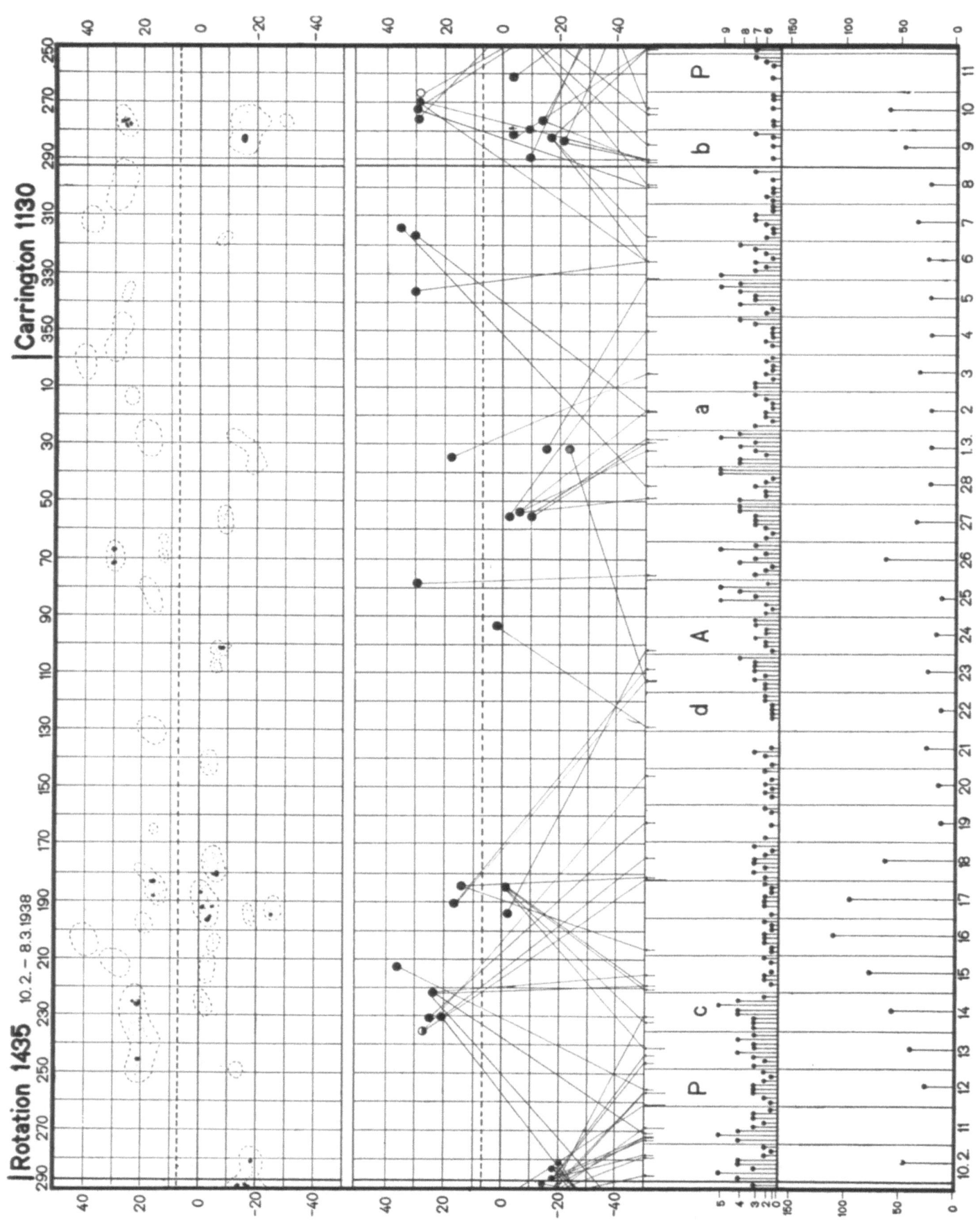

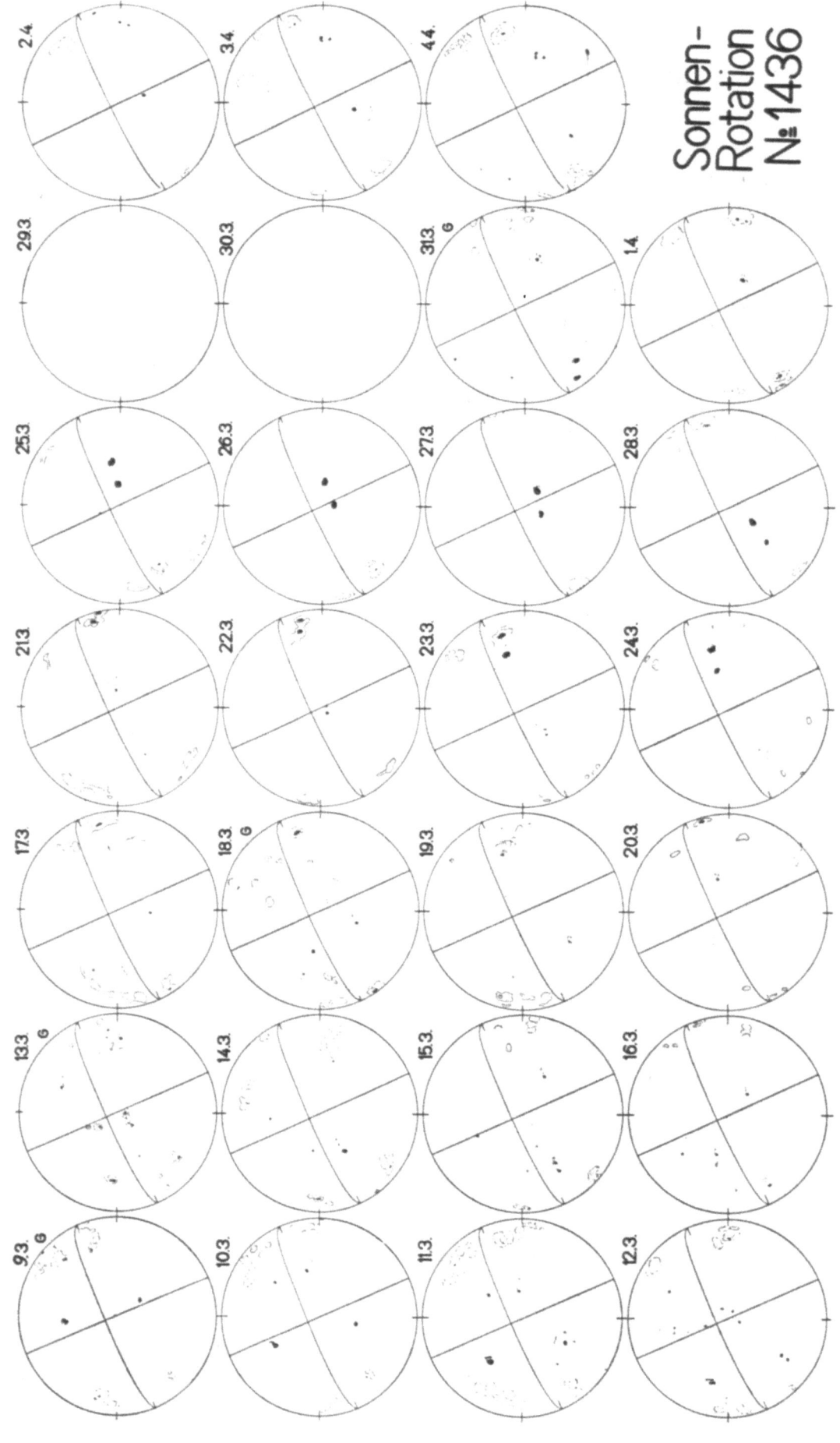

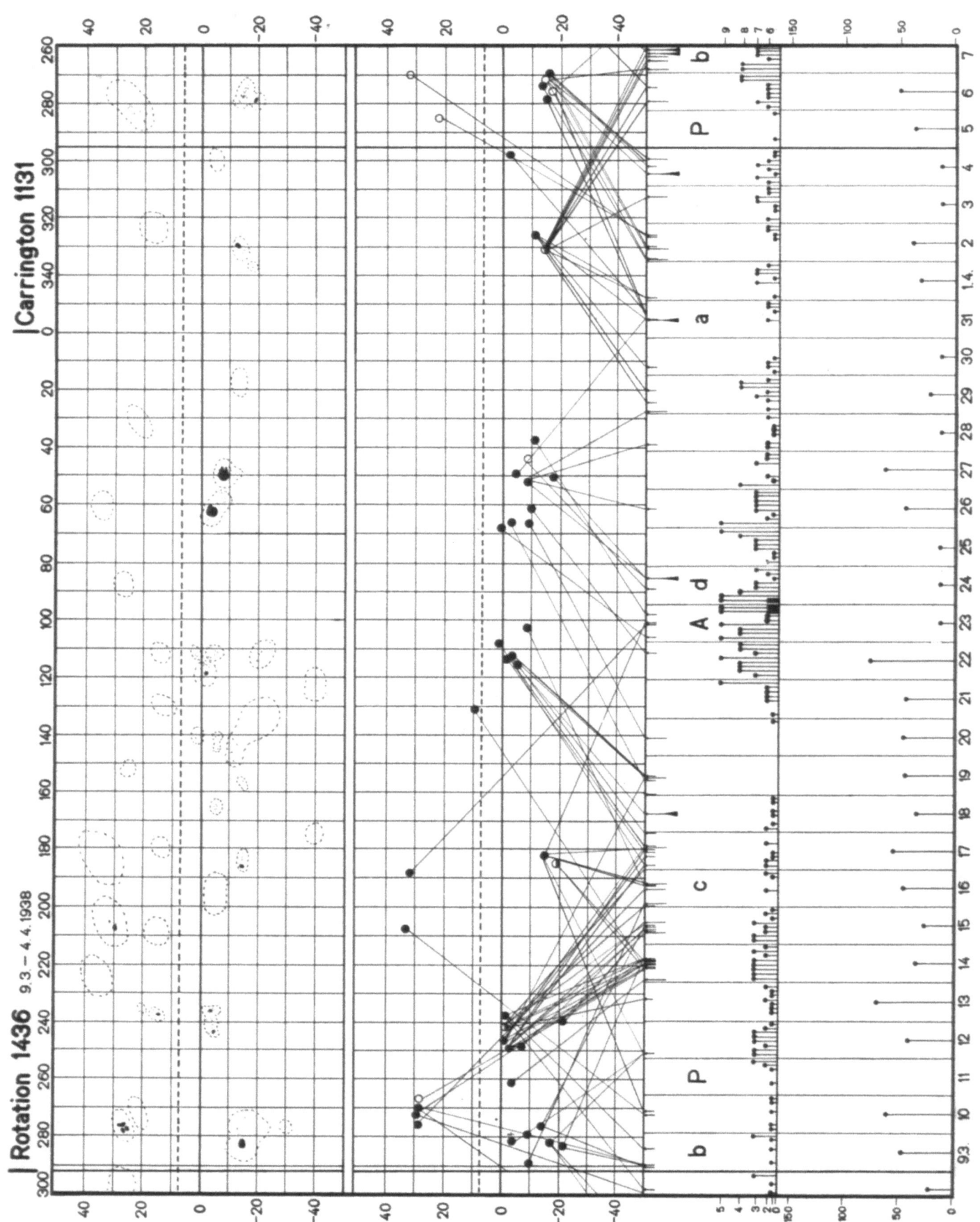

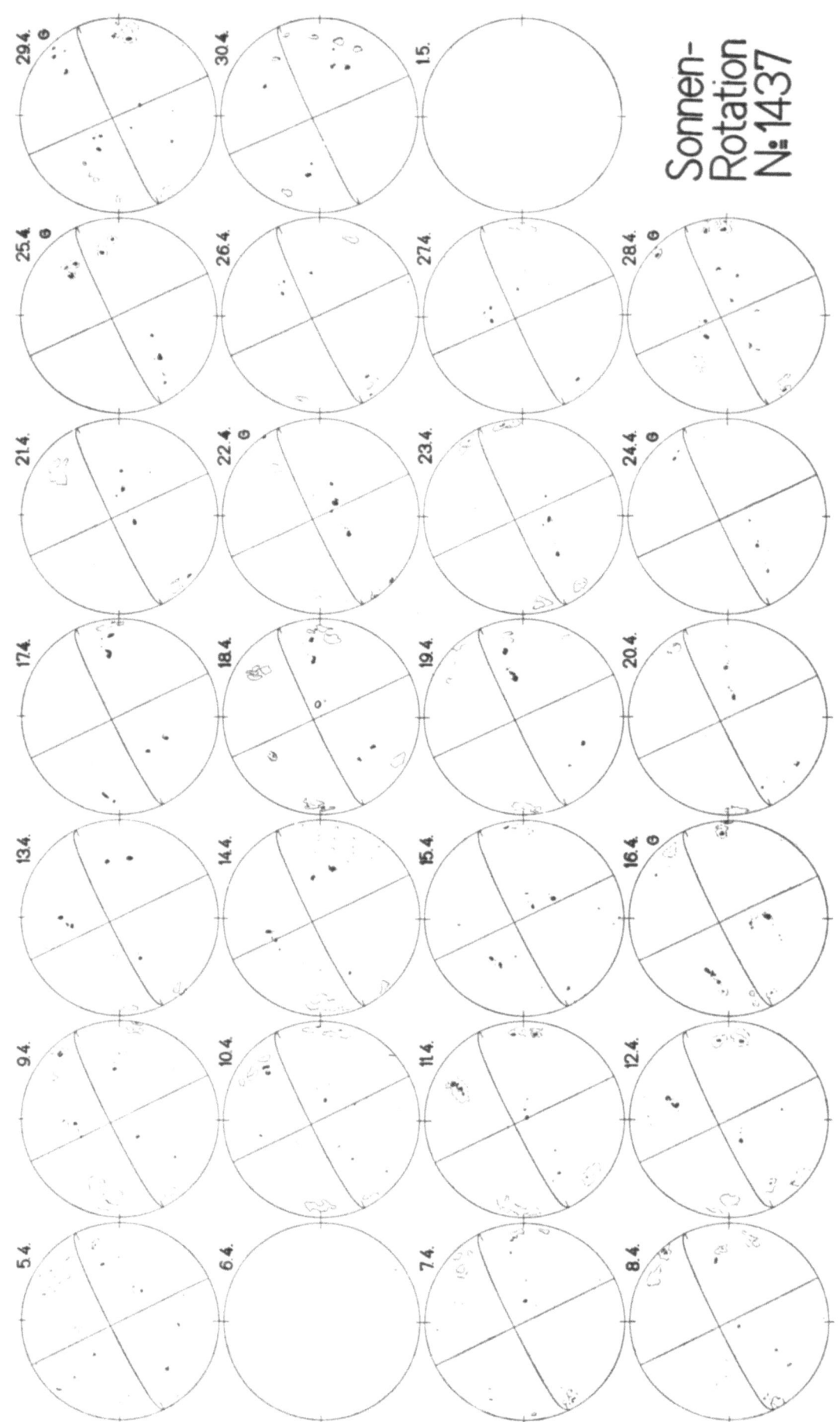

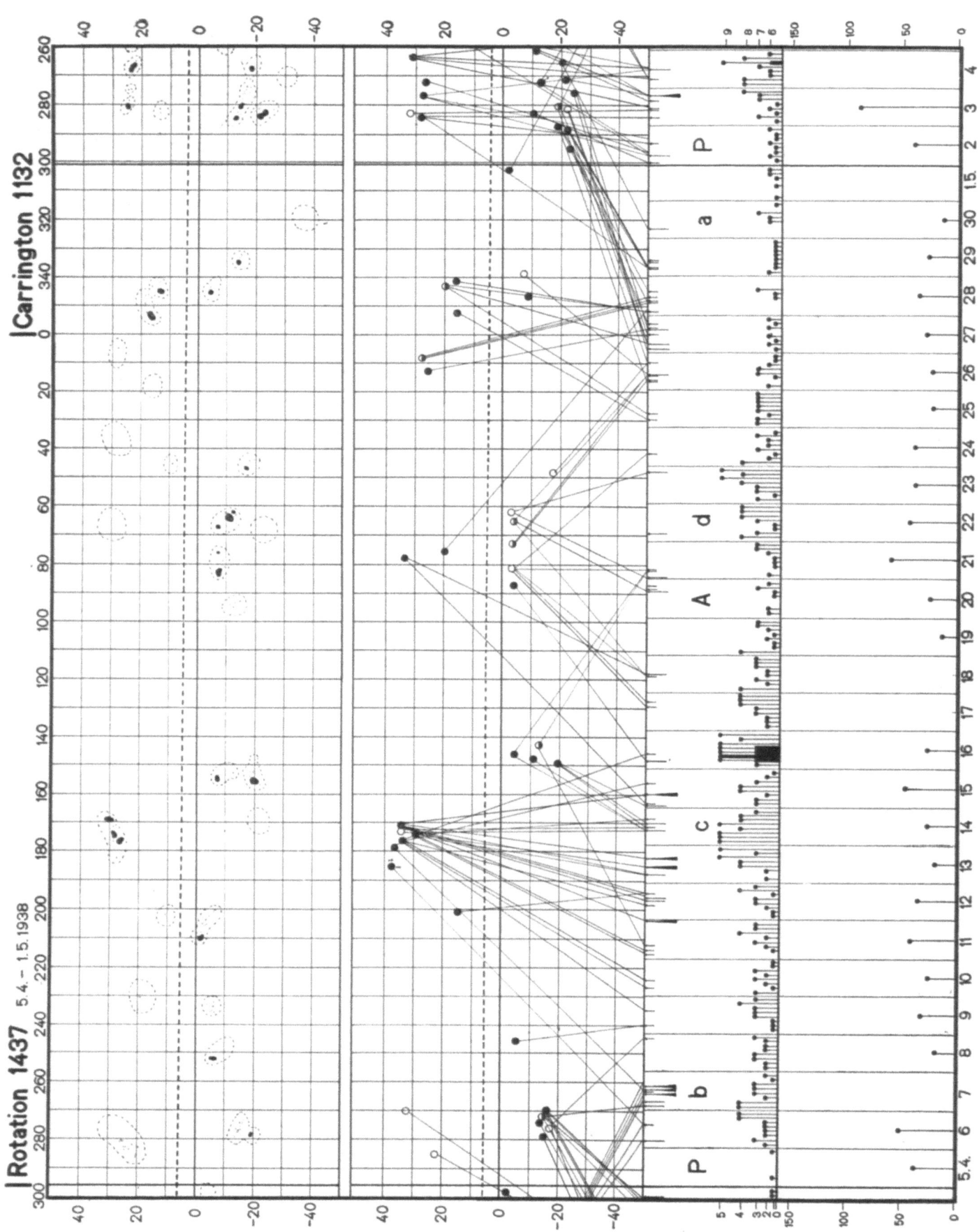

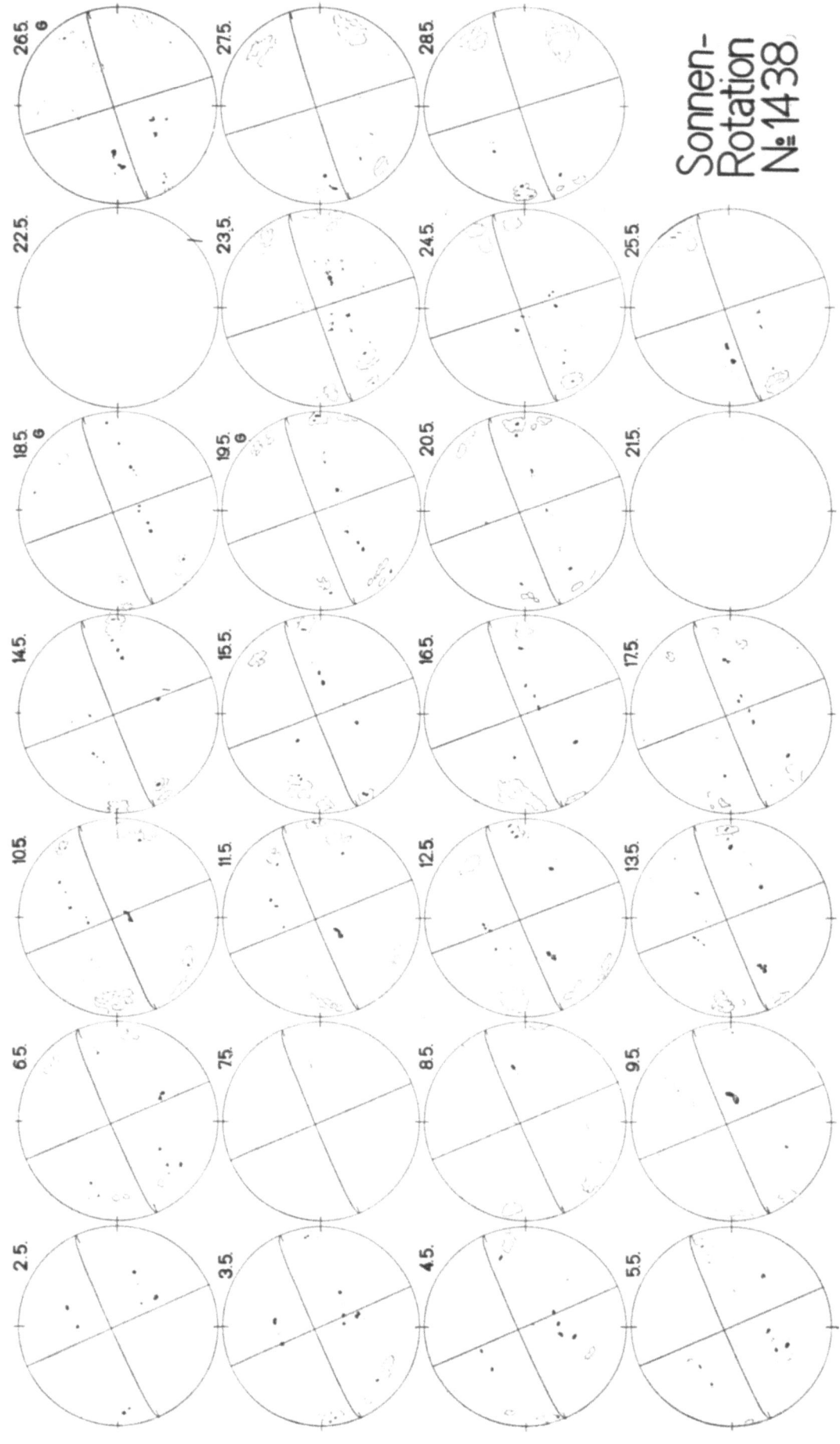

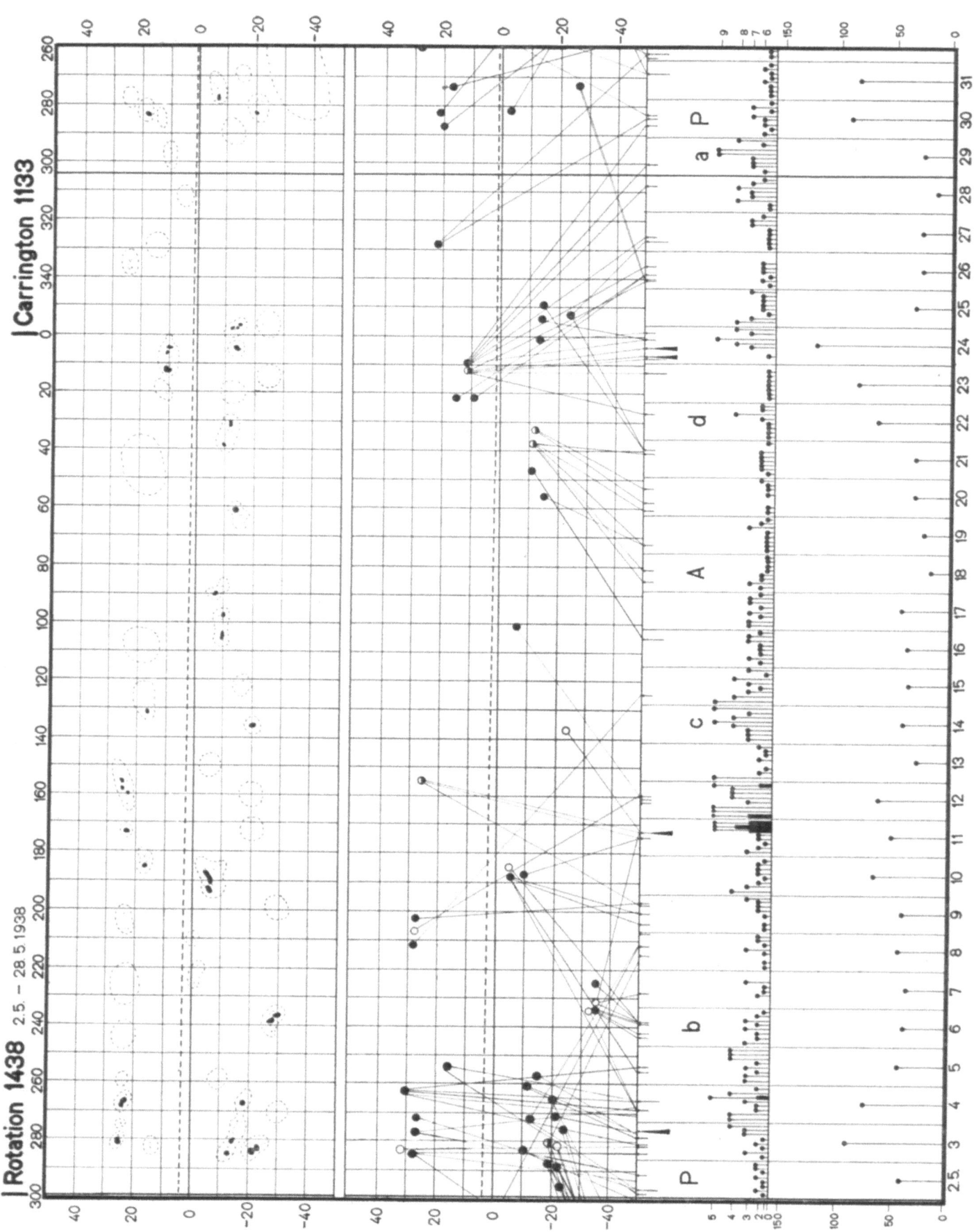

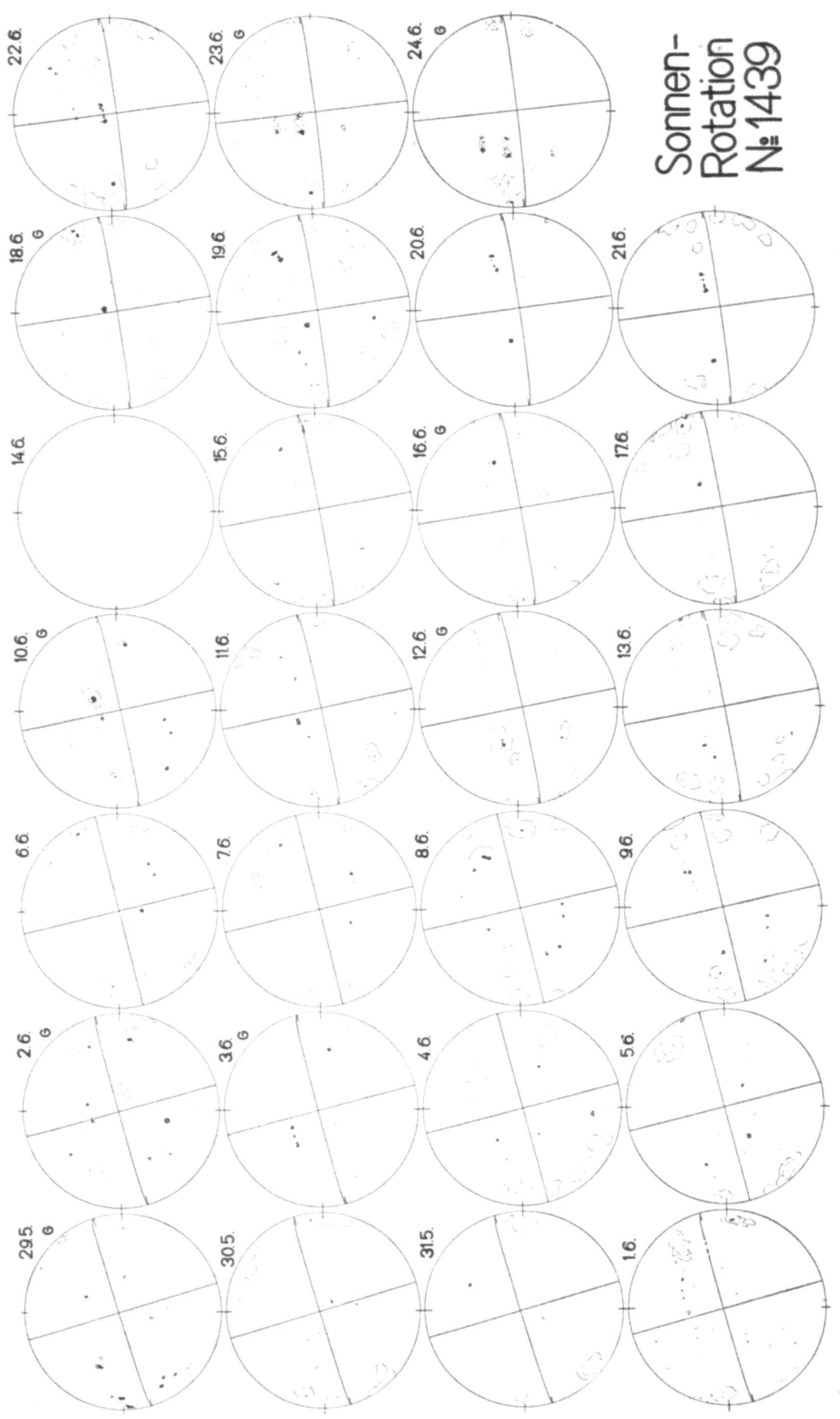

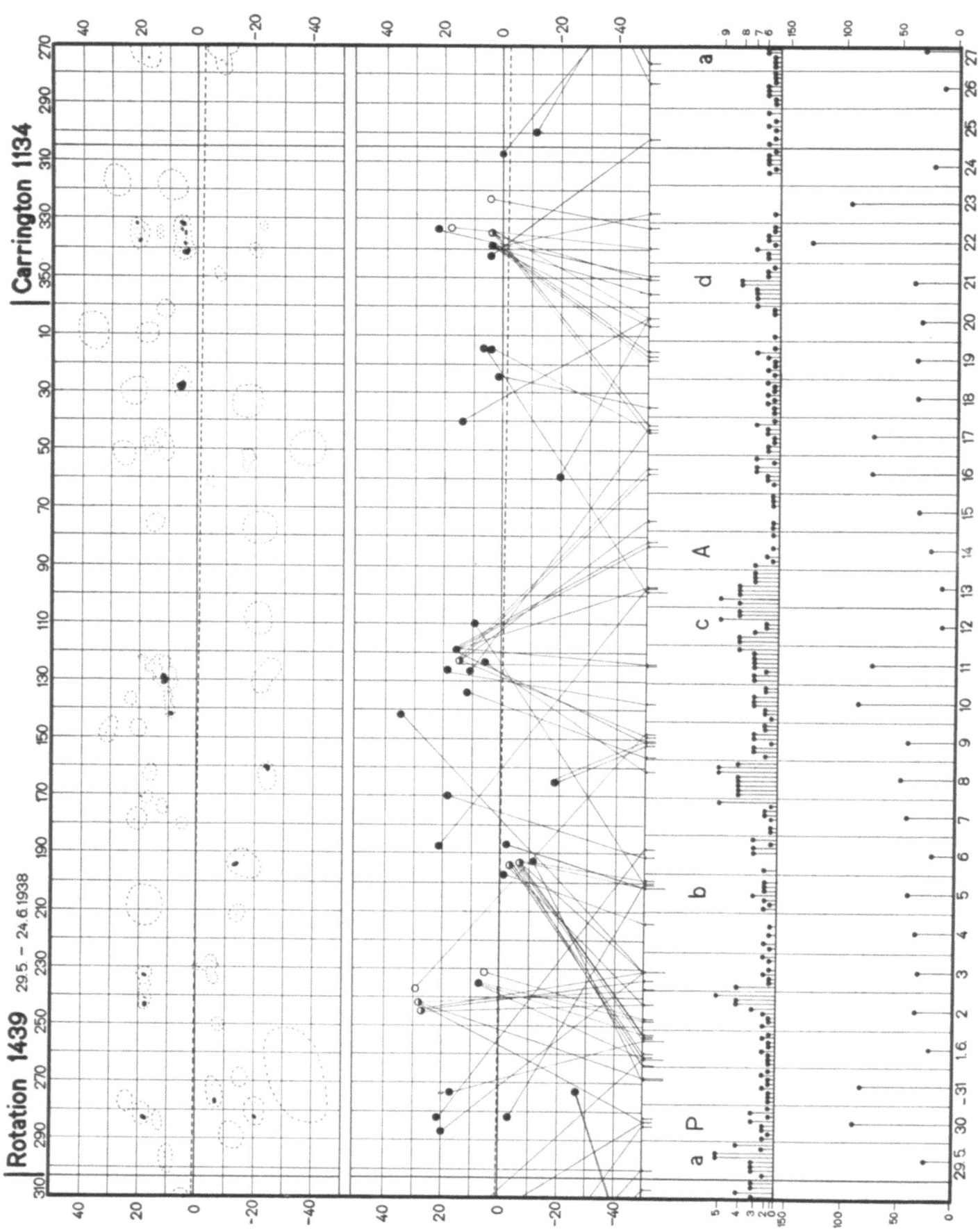

36

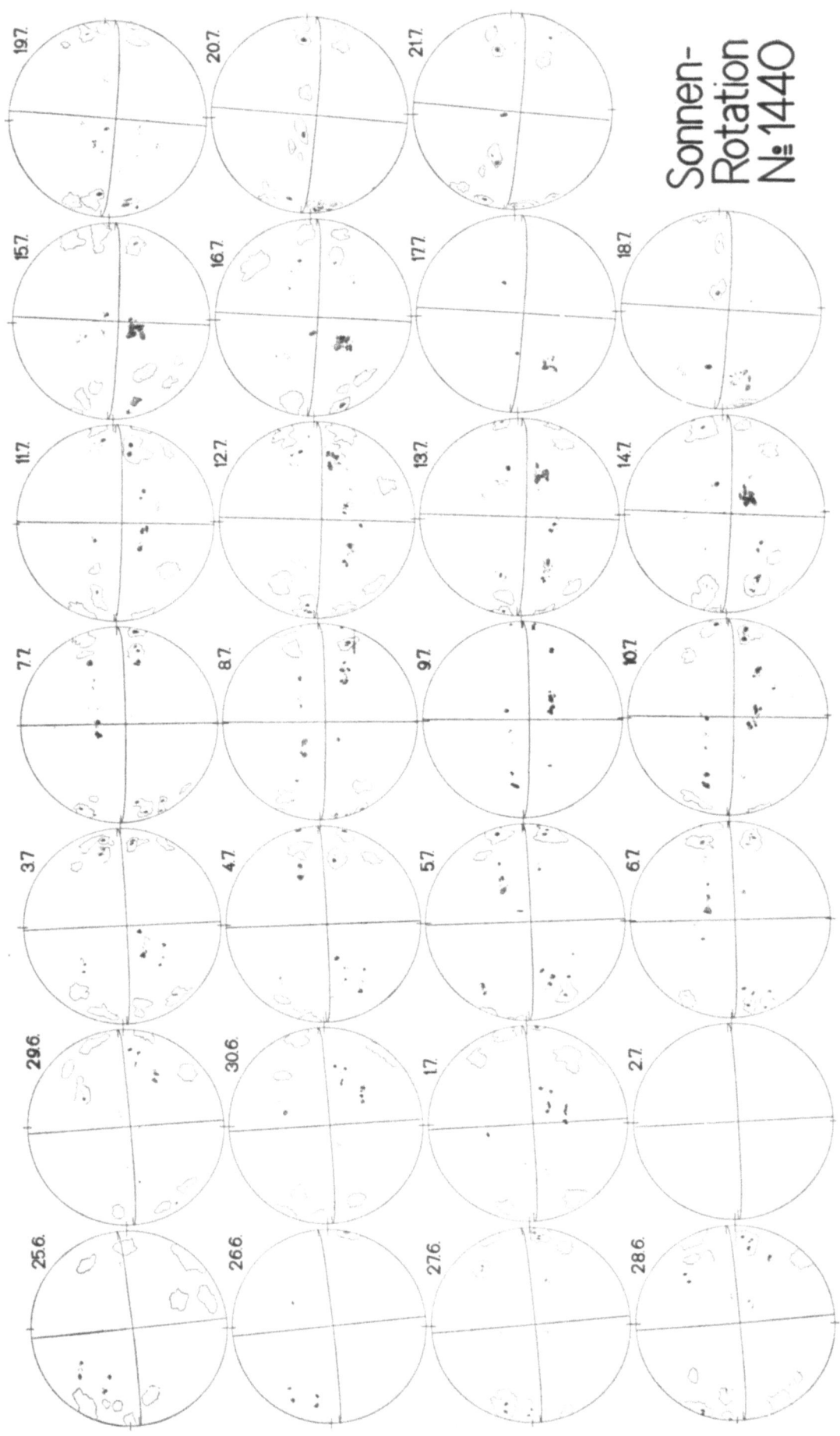

37

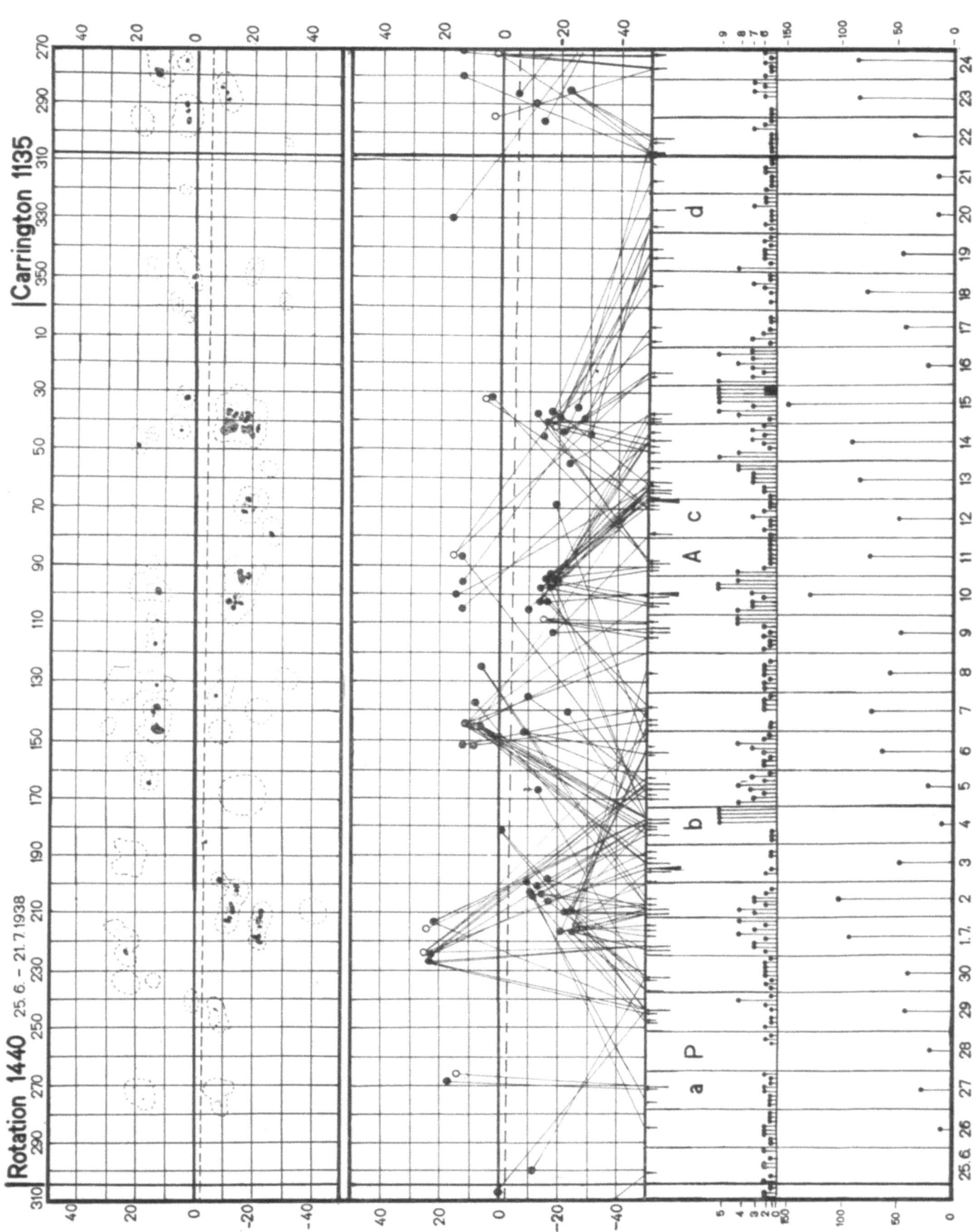

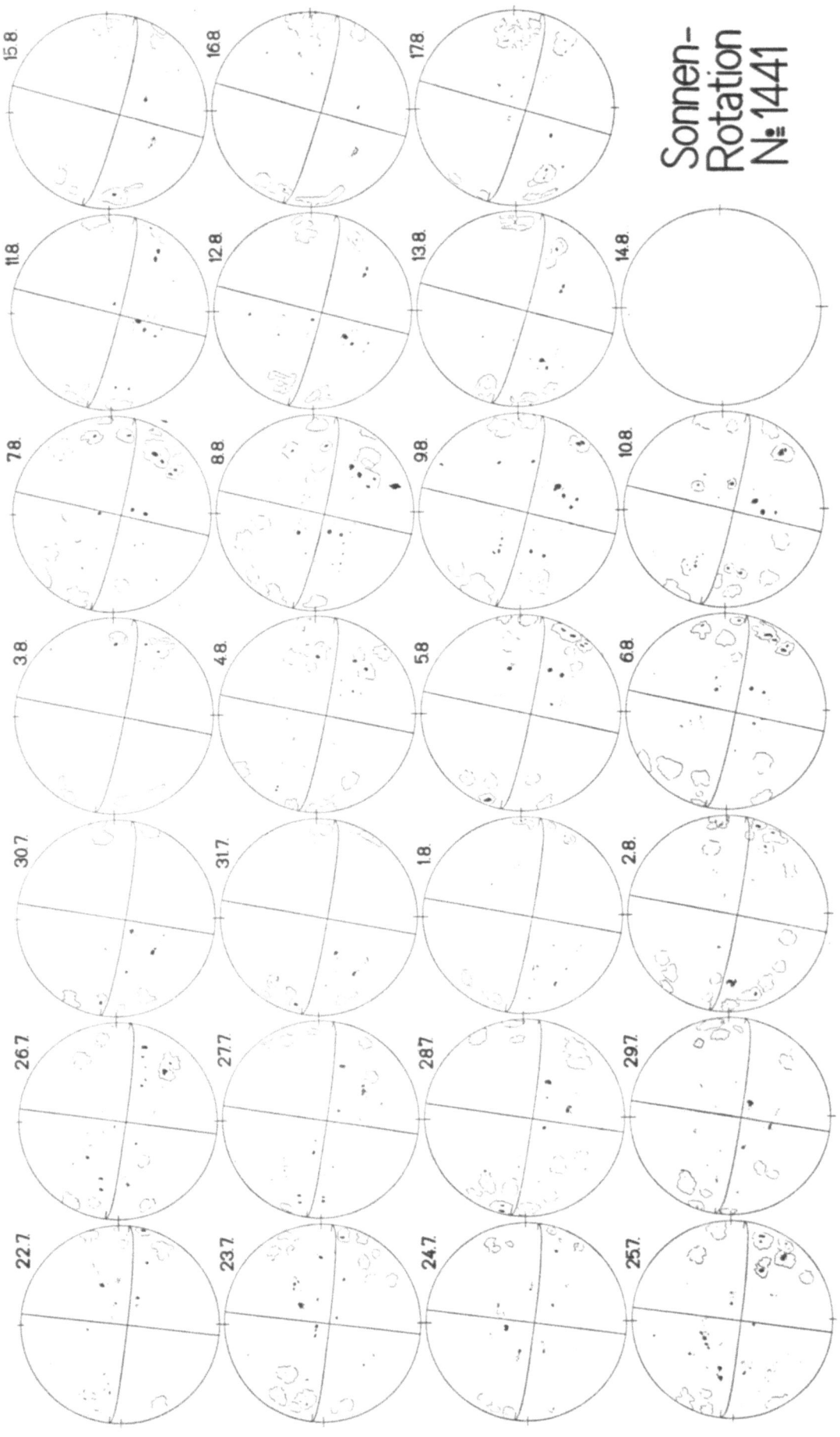

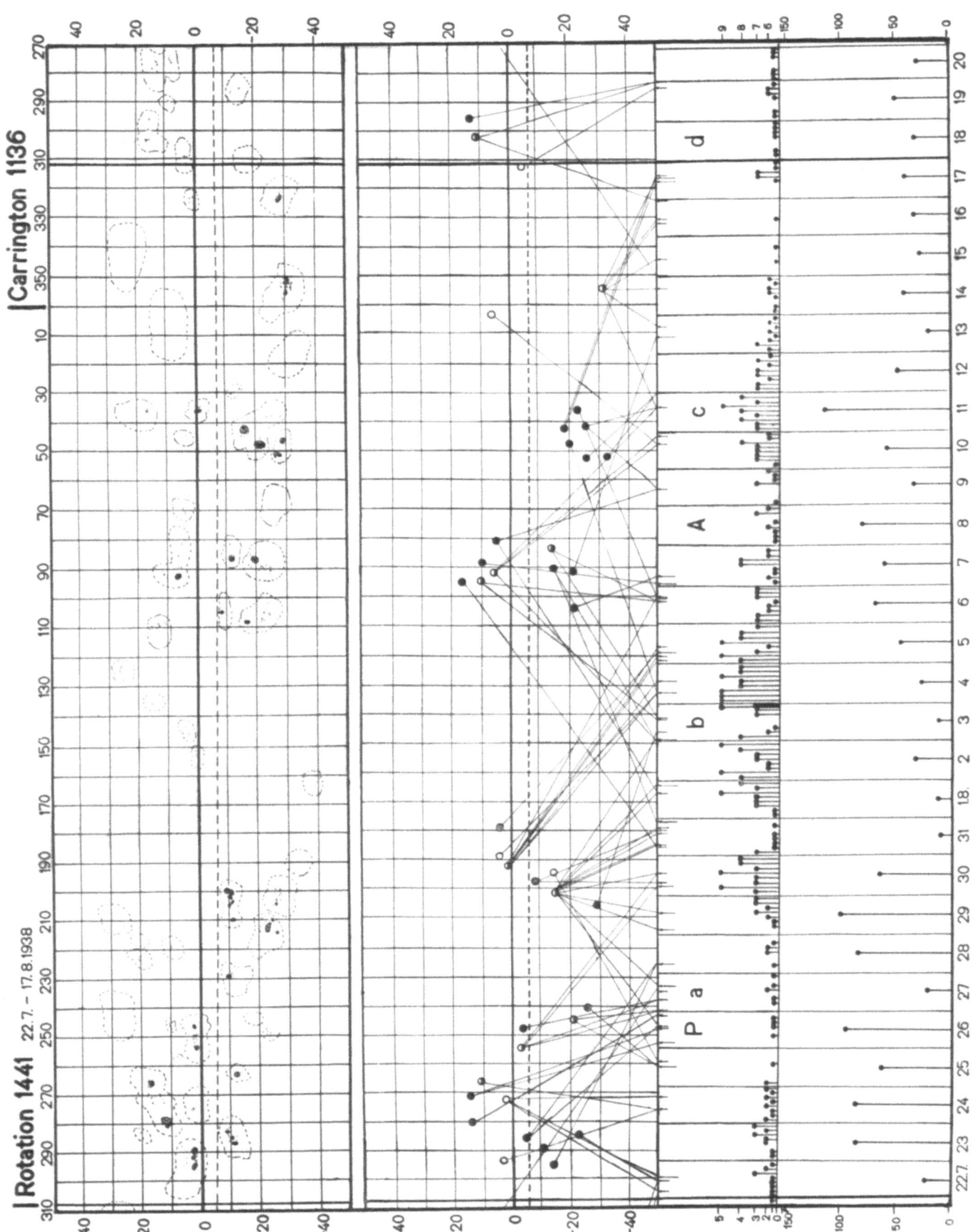

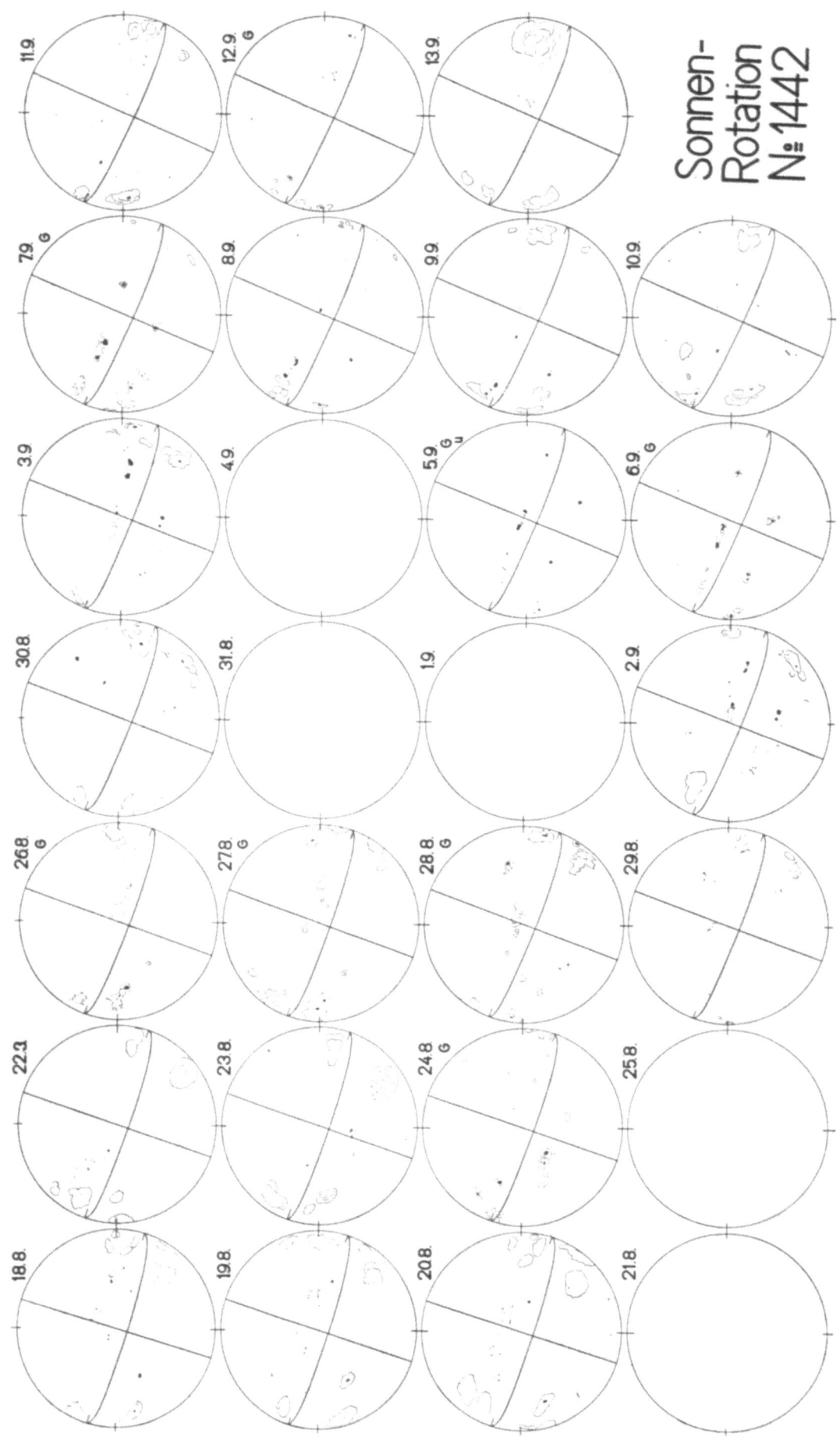

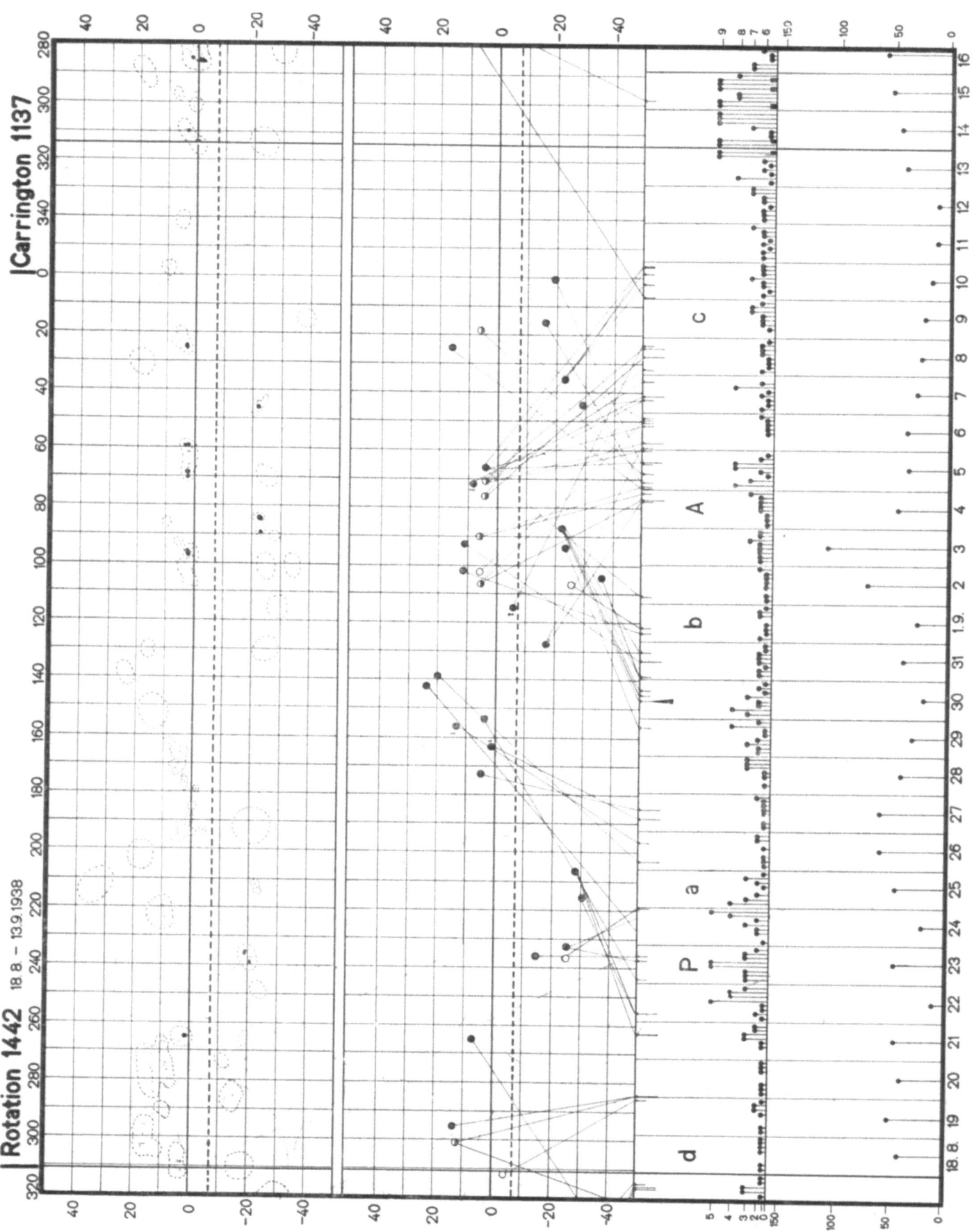

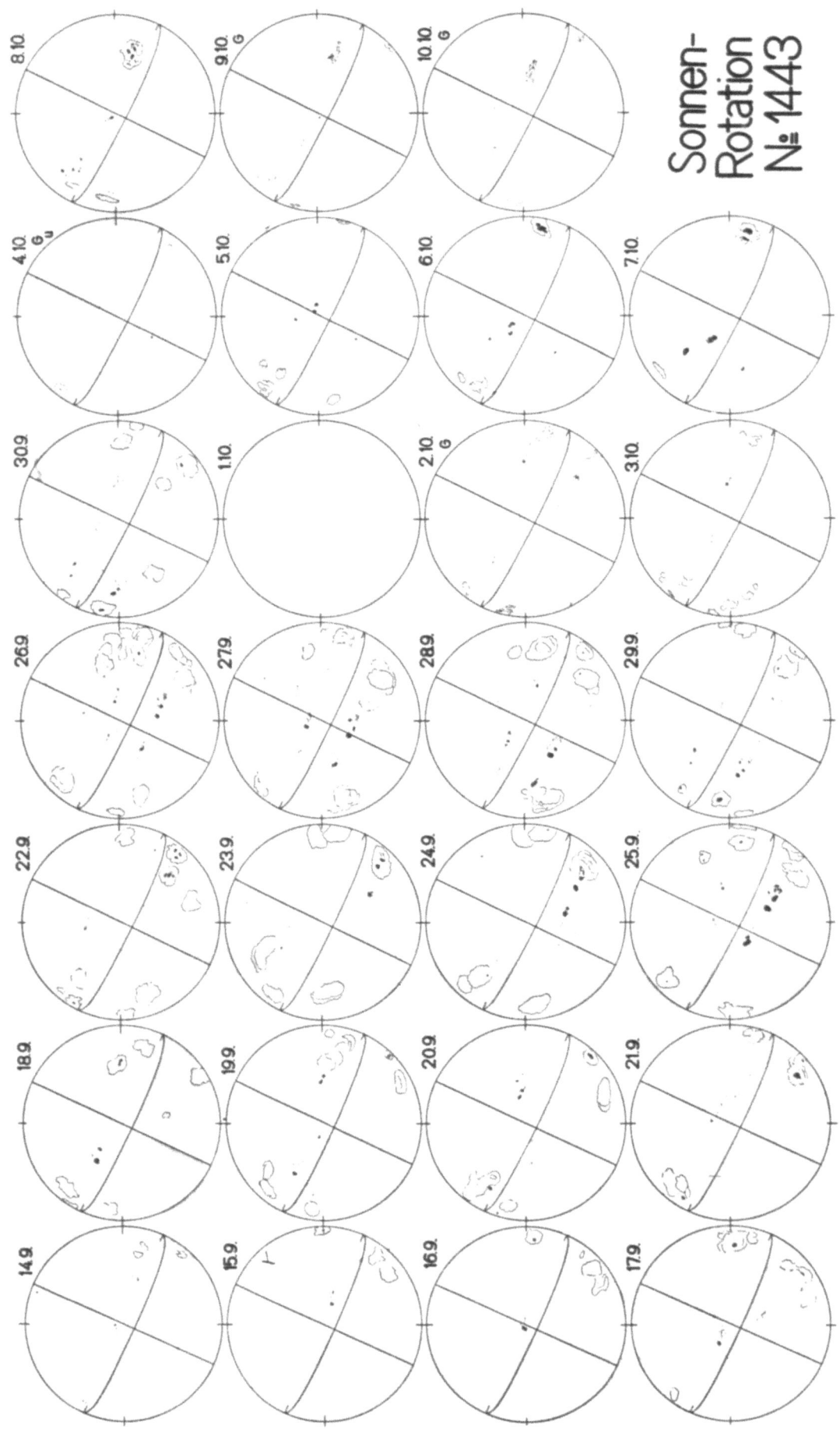

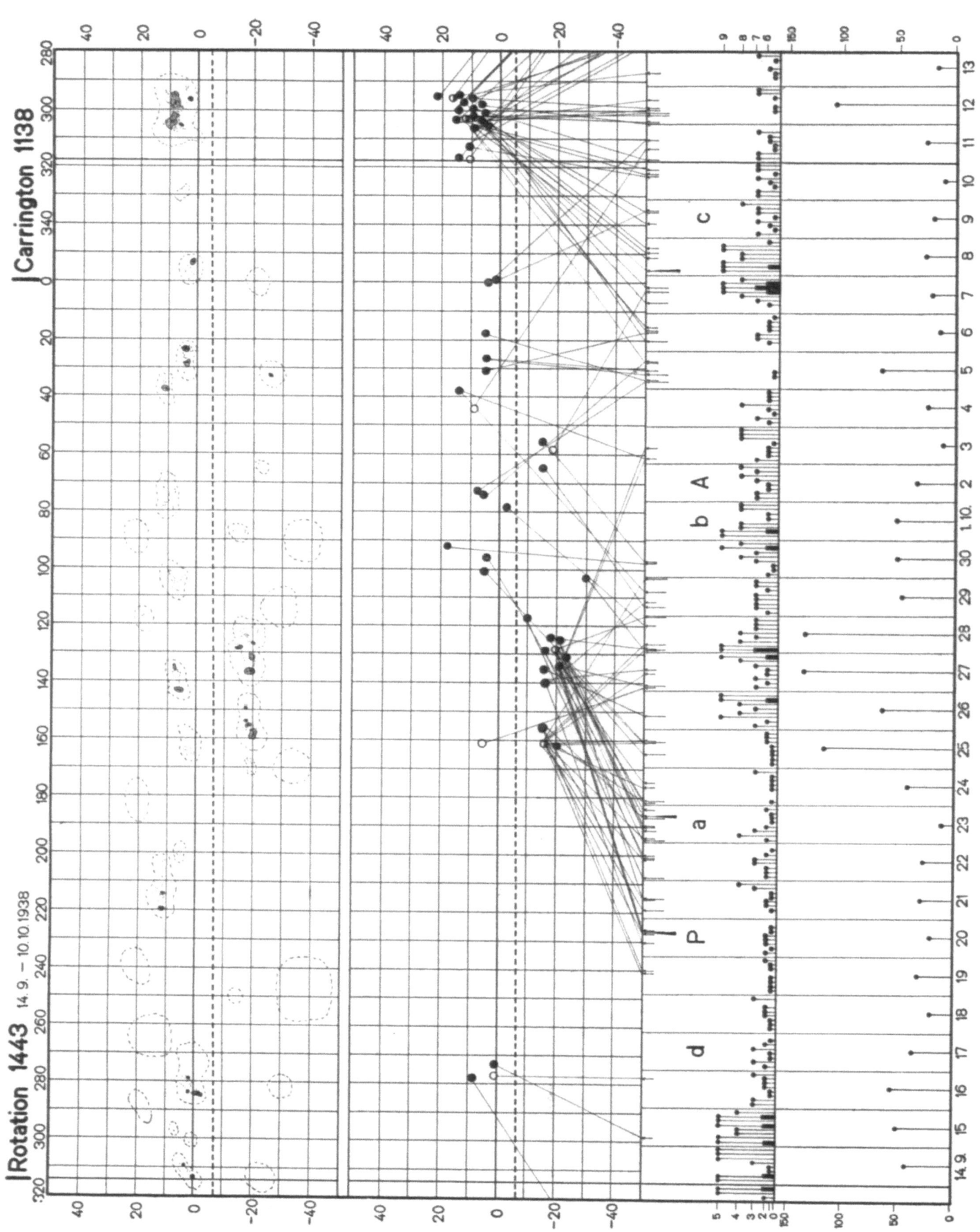

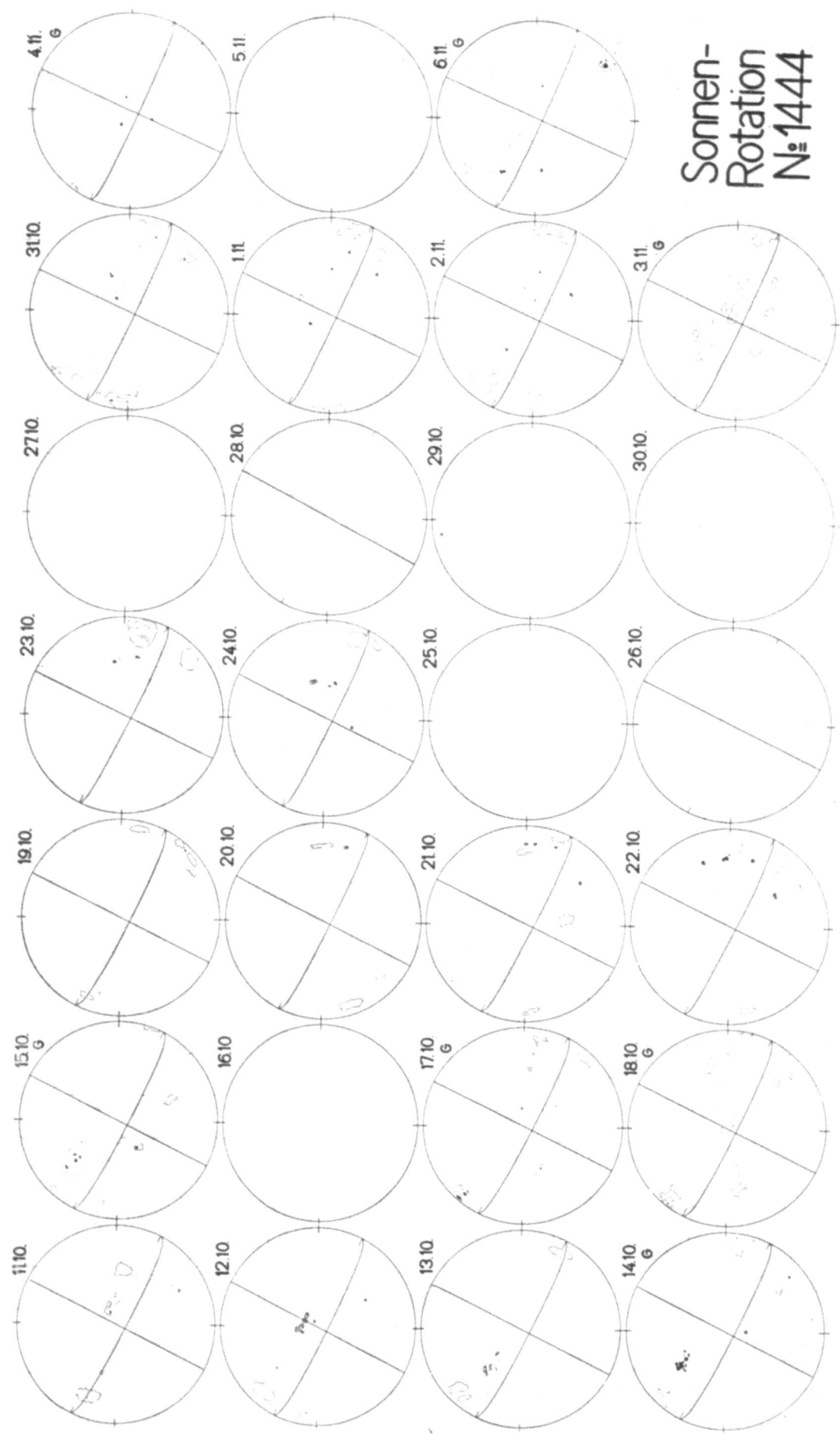

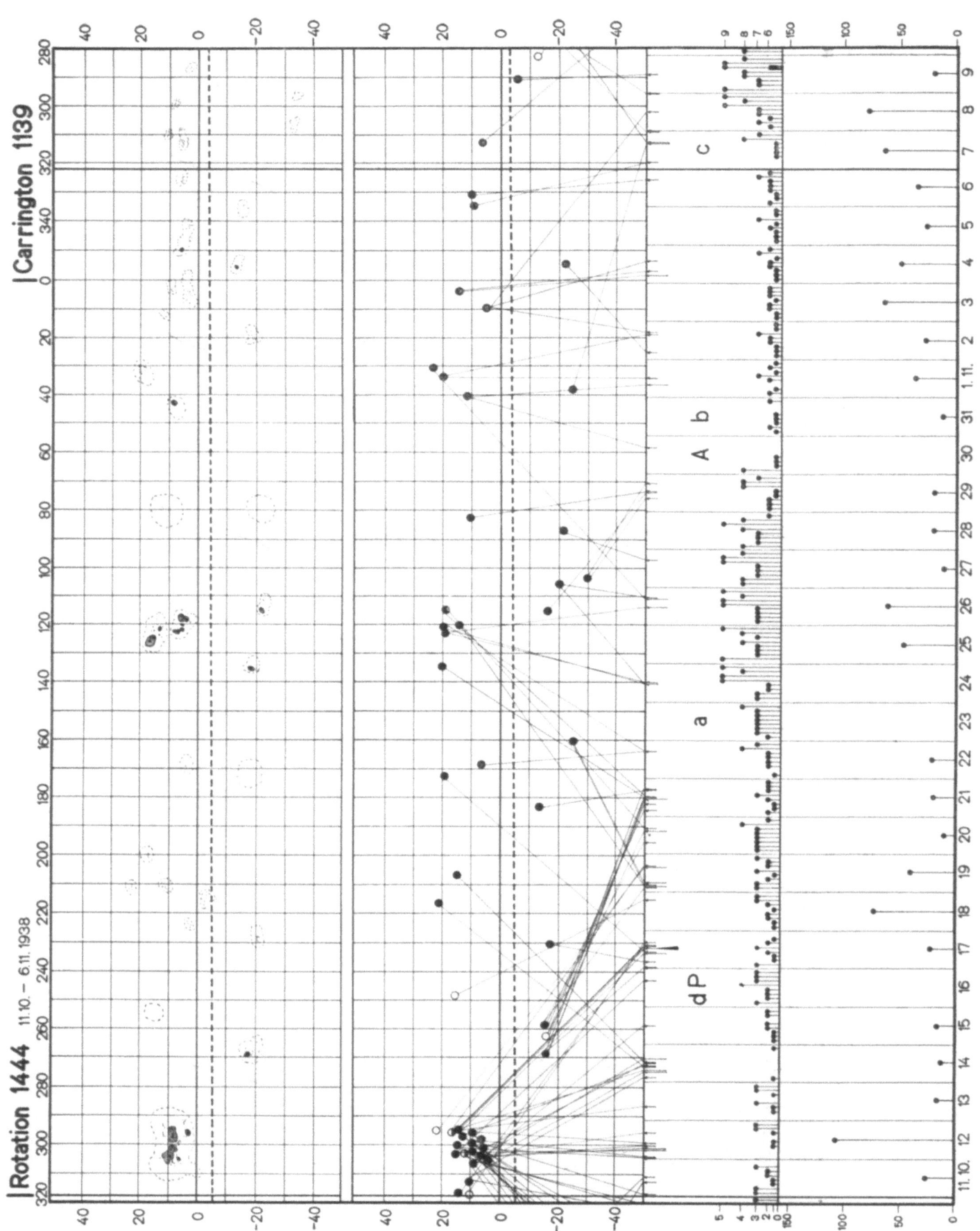

46

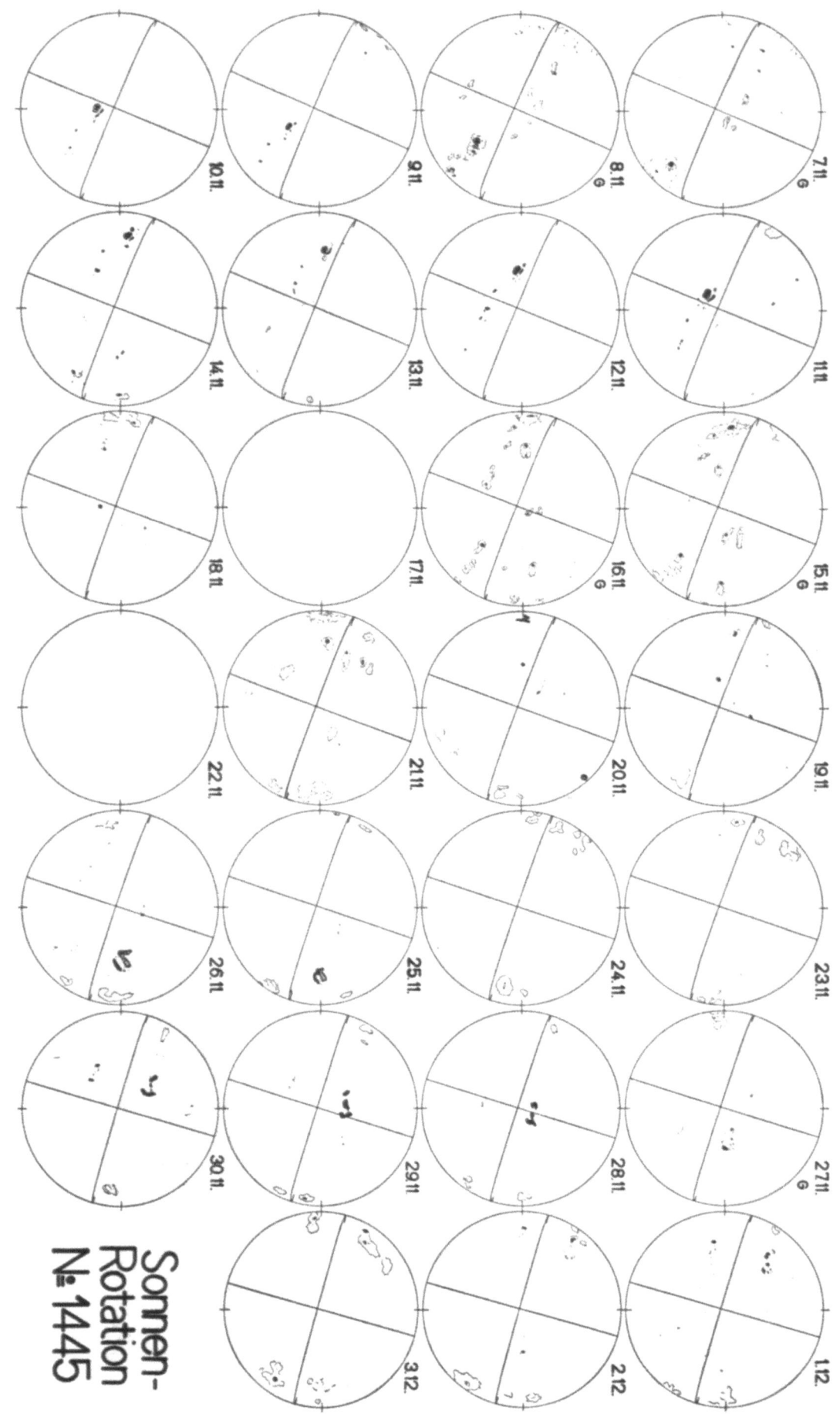

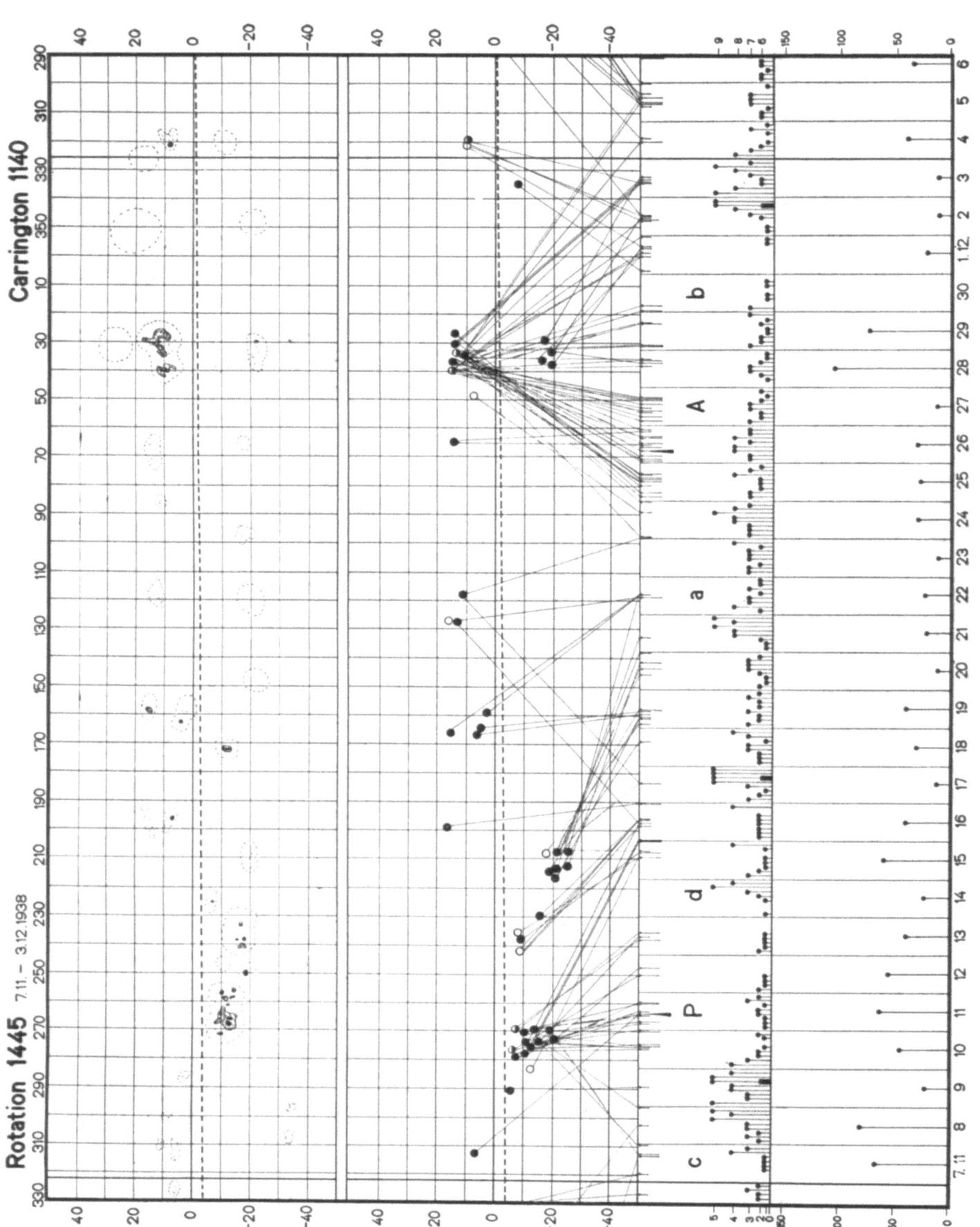

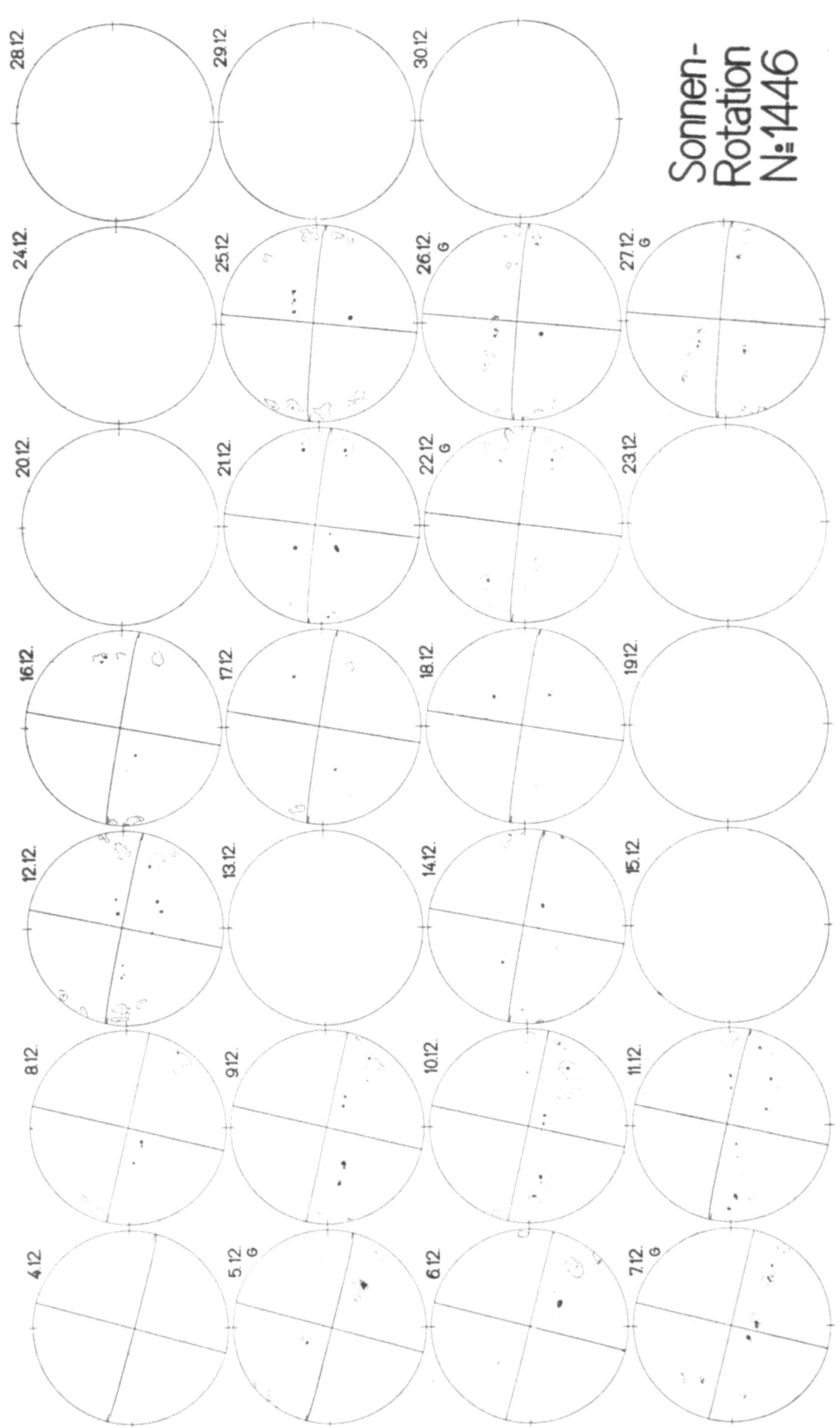

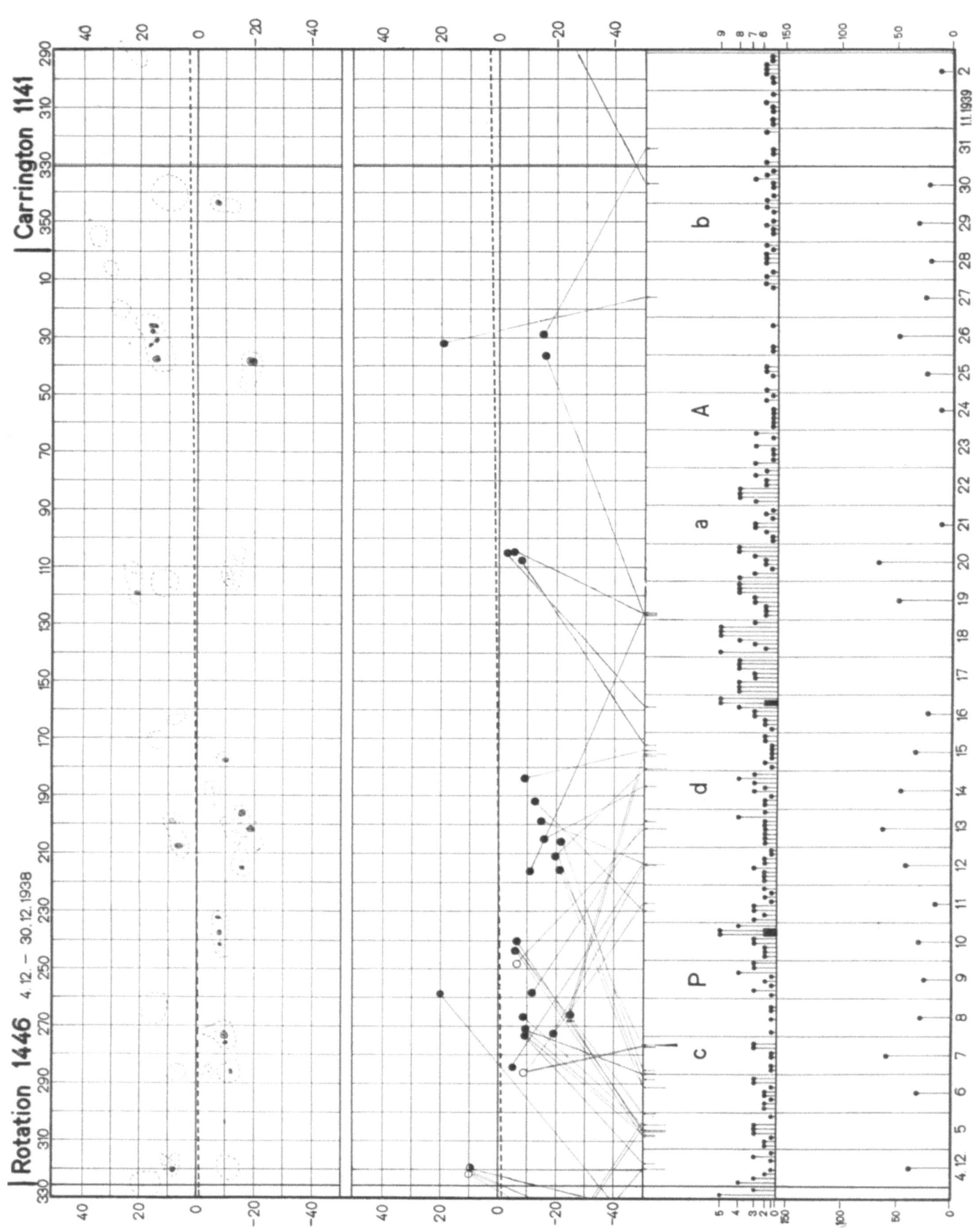

If you have any concerns about our products,
you can contact us on
ProductSafety@springernature.com

In case Publisher is established outside the EU,
the EU authorized representative is:
**Springer Nature Customer Service Center GmbH
Europaplatz 3, 69115 Heidelberg, Germany**

Printed by Libri Plureos GmbH
in Hamburg, Germany